Design from aus portugal

Design from aus Portugal

eine Anthologie

an Anthology

Edition Axel Menges

Published by Veröffentlicht von
Edition Axel Menges, Stuttgart/London

in association with in Zusammenarbeit mit
ICEP Investimentos, Comércio e Turismo de Portugal,
Lisboa

ISBN 3-930698-84-6

Photographs Photographien
PH3 *et al*.

Translations Übersetzungen
Hannelore Correia, John Elliott & Heide Bittner

Printing and binding Druck und Bindearbeiten
Cromotipo artes gráficas, Lda, Lisboa

Design Gestaltung
Robin Fior, Lisboa

Inhalt Contents

Vorwart [6, 7] Foreword

GUILHERME COSTA

Introduktion [10, 11] Introduction

ARNULF HERBST

Design aus Portugal [14, 15] Design from Portugal

VOLKER FISCHER

Design „auf Portugiesisch" [22, 23] Design 'in Portuguese'

VITOR MANAÇAS

Raster und Pfade [58, 59] Grids and pathways

ROBIN FIOR

Designer [94] Designers

PLÁCIDO AFONSO, CARLOS AGUIAR, FILIPE ALARCÃO, ANA PAULA ALLEN, JORGE ALVES, SALETTE BRANDÃO, JOÃO CARRILHO DA GRAÇA, JOSÉ MANUEL CARVALHO ARAÚJO, DACIANO COSTA, PAULA CRESPO, RAÚL CUNCA, ADALBERTO DIAS, EX-MÁQUINA, ANA FERNANDES, ELIANE MARQUES, JORGE PACHECO, PAULO PARRA, VICTOR PEIXOTO, FILOMENO PEREIRA DE SOUSA, FRANCISCO PROVIDÊNCIA, JOSÉ JOAQUIM RIBEIRO, LOURENÇO ROCCHI, TEREZA SEABRA, ALEXANDRA SERPA PIMENTEL, PEDRO SILVA DIAS, ANA SILVA E SOUSA, ÁLVARO SIZA, MARCO SOUSA SANTOS, PAULO VALE, JOSÉ VIANA, MIGUEL VIEIRA BATISTA & RICARDO VIEIRA MELO

Objekte [126] Objects

Hersteller [342] Manufacturers

Vorwort

Guilherme Costa

Präsident de

In dem Jahr, in dem Portugal das Themenland des größten Weltereignisses auf der Ebene des Buchverlags, der Frankfurter Buchmesse ist, hält ICEP, verantwortliches Organ für die Förderung von Handel, Investment und Tourismus und für die Verbreitung des globalen Images Portugals in der Welt, es für angebracht, diese Teilnahme mit einer Ausstellung des portugiesischen Design zu untermauern.

Der Vorschlag wurde von der Sociedade Portugal Frankfurt, SA, Organisatorin der portugiesischen Teilnahme an der Messe, aufgegriffen und ebenso vom Museum für Kunsthandwerk angenommen.

Objekte zum Lesen Diese Anthologie von mehr als einhundert Objekten von 33 Designern soll den Besuchern die Möglichkeit geben, den aktuekllen Stand des portugiesischen Designs kennenzulernen.

Wenn das Design eines Buches darauf abzielt, zum Anschauen, Anfassen und auch zum Lesen aufzufordern, so hat das Buch zweifelsohne in seiner Funktion, seinen Inhalt zu vermitteln, mehr Erfolg. Ebenso fordern die Objekte beim Anschauen, Anfassen und Benutzen dazu auf, gelesen zu werden, und diese Lesbarkeit macht sie nützlicher und verständlicher.

Die funktionale Lesbarkeit umfaßt z.B. die Schere, die – ohne dab wir sie dafür halten – uns sagt, wie sie zu gebrauchen ist; andererseits erzählen die verschiedenen Stühle verschiedene Geschichten, entsprechend den Orten, für die sie vorgesehen waren und ihrer möglichen Benutzung.

Foreword

President,

ICEP Investimentos, Comércio e Turismo de Portugal

In the year in which Portugal is theme-country of the greatest world event in book publishing, ICEP, the official body responsible for trade, investment and tourism and for the widespread presentation of Portugal throughout the world, considered it was worth reinforcing this presence with an exhibition of contemporary Portuguese design.

The proposal was accepted by Sociedade Portugal Frankfurt, SA, which organized Portugal's participation in the Fair, and was no less eagerly welcomed by the Arts and Crafts Museum.

Objects for reading This anthology of more than 100 objects from 33 designers aims to permit visitors to get to know the present state of design in Portugal.

If the design of a book demands that it should be looked at, handled and also *read* as an object, the book will certainly be more efficient in transmitting its content. Equally, objects, when looked at, handled and used, require to be read, and this *legibility* makes them more useful and understandable.

This functional legibility includes, for example, the scissors, which, without our noticing, tells us how to use them, or the various chairs tell different stories about where they are for, and what they are about. While it is true that one can find in this anthology some 'supports' for books or for reading, it is also true that there are other objects which have nothing to do with books, like the pieces of jewellery, but these too can tell stories . . .

Wenn sich in dieser Anthologie einige Stützen für Buch – oder Lektürestützen befinden, so trifft es auch zu, daß es andere Objekte gibt, die nicht mit dem Buch zu tun haben, wie z.B. Juwelen, die uns jedoch ebenso Geschichten erzählen.

In der Ausstellung werden wir "lesend" die positive Dynamik, die sich in den letzten Jahren im portugiesischen Design mit dem Erscheinen neuer Produkte und Objekte und einer konsequenten internationalen Projektion bemerkbar machte, erfahren.

Weiter zeigen wir im Vorfeld der EXPO'98 in Lissabon in den Museumsgärten eine Ausstellung von städtischem Mobiliar, das speziell für die letze Weltausstellung in diesem Jahrtausend konzipiert wurde.

Die Design–Ausstellung ist in ein umfassendes Zusammenspiel von Initiativen eingefügt, die Sociedade Portugal Frankfurt 97, SA, organisierte, um die portugiesische Teilnahme an der 49. Buchmesse in Frankfurt, deren Thema "Portugal – Wege in der Welt" ist, zu stärken.

In der Gewißheit um den Erfolg dieser Initiative, von der wir glauben, daß sie ein bedeutender Beitrag für dieses kulturelle Festival ist, möchte ich mich bei den Designern für ihre Zusammenarbeit und ihre Eifer und bei den an der Ausstellung teilnehmenden Firmen sowie den Verantwortlichen des Museum für Kunsthandwerk, deren Unterstützung grundlegend war, bedanken.

In this exhibition we have tried to show the positive energy that can be seen in recent Portuguese design, with the appearance of new products and objects, and their resulting projection abroad.

In advance of next year's Expo'98 in Lisbon, we are also showing some of the street furniture specially designed for the last world exhibition of the millenium.

Design aus Portugal forms part of a large number of initiatives that Sociedade Portugal Frankfurt, SA, has organised to make the most of Portugal's presence at the 49th Frankfurt Book Fair, under the theme of *Portugal ~ Pathways into the World.*

Confident of the success of this initiative, which we consider an important contribution for this festival of the arts, we would like to express our thanks to the designers and to the companies taking part in the exhibition, as well as to Dr Arnulf Herbst and Professor Fischer of the Arts and Crafts Museum for making it possible.

Introduktion

Arnulf Herbst

Direktor

Der blendend weiße, weit über den Main schimmernde Bau des amerikanischen Architekten Richard Meier ist mit seinem ungewöhnlichen Raumkonzept ein herausragendes Beispiel für dieMuseumsarchitektur der Moderne.

In diesem Gebäude, das als ein neues Wahrzeichen des Museumsufers markant aus der Reihe älterer Bürgervillen aus dem 19. Jahrhundert heraustritt, vermutet der Besucher neben dem annocierten Kunsthandwerk auch Beispiele von Design. In der Tat ensteht hier für das 20. Jahrhundert eine Designsammlung, die vor allem die Entwicklung der Formensprache für die Produkte des Industrial Designs demonstrieren wird.

Eine wegweisende Ausstellung "13 nach Memphis" fand 1995 statt.

Seitdem hat sich herumgesprochan, daß im Museum für Kunsthandwerk am Schaumainkai micht nur Spitzenstücke der kunsthistorischen Epochen von der Romanik bis zum Jugendstil präsentiert werden, sondern eben auch die gut gestalteten alltäglichen Gegenstände, die uns auf Messen und Märkten in ungewöhnlicher Vielfalt entgegentreten. Hier auszuwählen und zu gewichten, die besonderen Innovationen und herausragenden Funktions - sowie Formerfindungen zu erkennen, vorzustellen und zu kommentieren, gehört heute zu den wesentlichen Aufgaben des Museums. Da eine auf Vollständigkeit angelegte Designsammlung von äußerst vielen, relativ kurzlebigen Objekten nur mit hohem finanziellen

Introduction

Director

Museum für Kunsthandwerk

Frankfurt am Main

This stunning building of sparkling brightness is a creation of the American architect Richard Meier. It is, by its unusual arrangement of spaces, an extraordinary example of museum architecture in the tradition of the Modern movememt.

The building stands out in the row of old nineteenth-century bourgeois villas on the riverbank as a new symbol of vitality. Here, the visitor can find examples of design alongside the objects of arts and crafts to which it is dedicated. Indeed, a collection of design representative of the twentieth century is now taking shape here to show the evolution of the language of form through products of industrial design.

'13 nach Memphis' was the first, pilot, exhibition to take place here, in 1995. The Museum für Kunsthandwerk, on Schaumainkai displays not only art masterpieces ranging from the romantic period to *Jugendstil*, but also intelligently designed objects of daily use that may be found in fairs and markets. One of the main purposes of the museum is to offer opportunity to select, to consider and to recognise innovation and invention. A permananent design collection intended to be complete has to include the largest possible number of objects with a relatively short life which can only be gradually assembled through recourse to a large financial effort or donations. Thus, the temporary transformations of the world of design can only be illustrated by special exhibitions. Moreover, design, nothing if not international,

Aufwand oder mit Donationen sukzessiv aufgebaut werden kann, müssen die temporären Veränderungen der Design-Szenes in einzelnen Ausstellungen erklärt werden. Hinzu kommt: Design ist nicht nur ein internationales, sondern sogar ein globales Phänomen. Mit der medialen Vernetzung zirkulieren auch die Formideen um die Welt.

So war es eine willkommene Gelegenheit anläßlich der Frankfurter Buchmesse im Herbst 1997 mit dem Schwerpunktthema Portugal das aktuelle Design aus Portugal in einer Anthologie vorzuführen.

Portugiesisches Design, wie es sich hier in einer knappen Auswahl von Table-Tops, Mobiliar, Fittings und Schmuck zeigt, war bislang in Deutschland noch nicht zu sehen.

Damit kommt der Frankfurter Ausstellung, die von einem grundlegenden Katalog begleitet wird, eine Pionierfunktion zu.

Ich bin überzeugt, daß diese Versammlung von Exponaten eines eigentümlichen strengen Stils, der an das Bauhaus und die Ulmer Schule erinnert, eine wichtige Bestandsaufnahme darstellt.

Diese Schau erfüllt einerseits das Bedürfnis nach längst fälliger Information, andererseits wird sie der deutschen Design-Szene Anregüngen geben, die hier anschaulich gemachten spezifischen Eigenheiten des portugiesischen Designs zu werten und dann die Impulse für eigene Konzeptionen und Projekte synergetisch umzusetzen.

became a global phenomenon in a world where information networks bring new ideas to be known all over the world. The fact that Portugal was the chief guest of the Frankfurt Book Fair 1997, offered an ideal opportunity to show its contemporary design in a short anthology. Portuguese design, represented here through a restricted number of table settings, furniture, fittings and pieces of jewellery, had never before been shown in Germany.

Indeed, the Frankfurt exhibition, accompanied by this illustrated catalogue, takes on a pioneer function. I am convinced that this collection of objects, of a characteristically austere style recalling the Bauhaus and the Ulm school, represents an important inventory in itself.

This exhibition has the double advantage of overcoming the lack of information felt for a long time and of encouraging German designers to appreciate the unique qualities of Portuguese design and to apply synergetically these stimuli to their own projects and work in hand.

Design aus Portugal ~ Die Form folgt (immer noch) der Funktion

Volker Fischer

Im Gegensatz zum katalanischen Produktdesign, welchesseit Mitte der 80er Jahre weltweit Furore gemacht hat, kennt das Ausland die Produkte des spanischen Nachbarlandes kaum. Wohl hat es in den vergangenen Jahren in Kortrijk, Belgien (1996) und in Barcelona (1995 und 1997) Ausstellungen über portugiesische Formgestaltung gegeben, aber für Deutschland bietet die Präsentation im Museum für Kunsthandwerk in Frankfurt am Main die erste umfangreichere Möglichkeit, sich ein Bild des portugiesischen Produktdesign zu machen. Anlaß dieser Ausstellung und zugleich eine Facettte der umfangreichen kulturellen Selbstdarstellung Portugals im größeren Kontext ist der Schwerpunkt "Portugal" der diesjährigen Frankfurter Buchmesse. Neben international renommierten Architekten – Entwerfern wie Alvaro Siza Vieira, Daciano Costa und Eduardo Souto de Moura gibt es weitere interessante Designer aus verschiedenen Generationen, deren Produkte überwiegend in der Tradition der Moderne und des Funkionalismus stehen. Neben gut einhundert Produkten des Interior Designs, des gedeckten Tisches, der Leuchten und der Haushaltswaren zeigt die Ausstellung zudem eine Auswahl zeitgenössischen portugiesischen Schmucks.

Auf den ersten Blick scheinen für das portugiesische Produktdesign der Gegenwart die Grundsätze der "guten Form", die in den 20er Jahren durch das Bauhaus formuliert und in den 50er Jahren durch die Ulmer Hochschule für Gestaltung wieder aufgegriffen und weiterentwickelt wurden, durchgehend ihre

Design from Portugal: Form still follows function

In contrast with Catalan product design which has caused such a furore worldwide since the middle of the eighties, the products of Spain's neighbouring country are hardly known abroad.

It is true that in the past years exhibitions of Portuguese industrial design took place in Kortrijk, Belgium (1996) and in Barcelona (1995 and 1997), but for Germany , the presentation in the Museum of Arts and Crafts in Frankfurt on Main presents the first extensive opportunity to get an idea of Portuguese product design. The motive for this exhibition is – and at the same time a facet of – Portugal's extensive cultural self-presentation, in a larger context, which is the focal point of this year's Frankfurt Book Fair.

Besides internationally renowned architect-designers such as Alvaro Siza Vieira, Daciano Costa and Eduardo Souto Moura, there are other designers of interest from different generations, whose products stand in the tradition of the Modern movement and functionalism.

Apart from more than one hundred products of interior design, tableware, lighting and household utensils, the exhibition also shows a collection of contemporary Portuguese jewellery.

At first sight, for contemporary Portuguese product design the principles of "good form", defined by the Bauhaus in the twenties and resumed and developed further in the fifties by the Ulm Design School, seem to remained valid.

Gültigkeit behalten zu haben. Der Eindruck funktionalistischer Nüchternheit überwiegt. Besonderheiten auf Grund geographisch – kultureller Bedingungen, die etwa große Teile des spanischen oder französischen Produktdesigns charakterisieren, treten, wenn überhaupt, nur sehr vereinzelt auf. Das mag zunächst verwundern, sind doch für uns, von Mitteleuropa aus gesehen, die mentalitätsgeschichtlichen Nachbarschaften zwischen Portugal und Spanien größer als trennende Unterschiede.

Auf der iberischen Halbinsel hat Portugal gerade in den letzten Jahrzehnten immer Schwierigkeiten gehabt, seine eigene kulturelle Selbstständigkeit gegenüber dem Nachbarland zu dokumentieren. Zwar haben Alvaro Siza oder Edouardo Souto de Moura die Eigenständigkeit portugiesischer Entwurfskraft eindrucksvoll unter Beweis stellen können – der Erstgenannte bekam 1992 den Pritzker Preis für Architektur – aber im Produktdesign hat vor allem das katalanische Idiom in und um Barcelona über die letzten fünfzehn, zwanzig Jahre hinweg das Bild iberischen Formverständnisses dominant und folgenreich beeinflusst. Das, was die explizit stilistischen, narrativen Positionierungen eines postmodernen oder neo-baroken Designs – von Entwürfen der Amerikaner Robert Venturi, Stanley Tigerman oder Robert Stern über Franzosen wie Elizabeth Garouste und Mattia Bonnetti, Italiener wie Matteo Thun, Ettore Sottsass oder Guido Venturini bis zu Spaniern wie Oskar Tusquets oder dem wilden "neudeutschen" Design – kennzeichnet, nämlich ein ironischer Umgang mit der eigenen Geschichte der Disziplin Formgestaltung,

The impression of functionalist austerity prevails.

Special features resulting from geographic and cultural conditions, which, for instance, characterize much of Spanish or French contemporary product design, are only seldom to be found, if they can be found at all.

At first sight, this may be surprising, because for us, looking at them historically from central Europe, the mentalities shared by Portugal and Spain seem closer than the differences which separate them. In the Iberian Peninsula it was Portugal which has had greater difficulties in affirming its cultural independence in relation to its neighbour.

It is true that Alvaro Siza or Eduardo Souta Moura could furnish impressive proofs of the independent impact of Portuguese design – Alvaro Siza was given the1992 Pritzker prize for architecture – but, as far as product design is concerned, it was above all the Catalan idiom in and around Barcelona which has predominantly determined the image of an Iberian conception of form for the last fifteen or twenty years.

What characterizes the explicitly stylistic narrative positioning of a postmodern or neo-baroque design – from the designs of the Americans Robert Venturi, Stanley Tigerman or Robert Stern, via the French like Elizabeth Garouste and Mattia Bonetti, or the Italians like Matteo Thun, Ettore Sottsass or Guido Venturini, to Spaniards like Oscar Tusquets or the wild "neo-German" design – that is an

fehlt hier fast völlig. Das liegt sicher nicht zuletzt in einem produktionstechnischen Entwicklungsstand und – standard des Landes Portugal begründet, der eher dem der 60er und 70er Jahre der mitteleuropäischen Länder entspricht und insofern die spätindustrielle Stufe entwerferischer Reflexion noch nicht erreicht hat.

Jene Kritik der Kritik des Funktionalismus, in der wir uns so sehr gefallen und (vielleicht durchaus vorschnell) alle Verbindlichkeiten zwischen Form und Inhalt, Gebrauch und Ergonomie lustvoll über Bord werfen, hat offenbar die portugiesischen Industriedesigner bisher nicht tangiert. Andererseits sickert selbstverständlich, gewissermaßen subkutan, die "Kunde von der Funktionalismuskrise" via Zeitschriften und Büchern, auch über elektronische Medien, ins Bewußtsein der portugiesischen Entwerfer. Genau dies macht eine Beschäftigung mit ihren Produkten von hier aus spannend: in wieweit haben sie in ihren funktionalen, funktionalistischen Entwürfen ein "anderes Denken" verarbeitet, vielleicht antizipiert?

Vielleicht ist es gerechtfertigt, bei vielen dieser Produkte von einem zeitgenössischen Neo-Funktionalismus zu sprechen, der das Primat der Funktion eindeutig demjenigen der Form vorzieht. Ergonomische Fragestellungen, auch funktionale Weiterentwicklungen ergeben sich nach wie vor aus dem klassischen Berufs- und Entwurfsverständnis des Designers als Dienstleister für die industrielle Produktion, weniger aus dem Verständnis eines literarisch-kritischen, gesamtkulturellen

ironic handling of the very history of the discipline of industrial design, is almost completely missing. This could be attributed to the standard of productive skills and level of development in Portugal, rather similar to those of central European countries in the sixties and seventies, and which do not yet support a late-industrial stage of design culture.

That criticism of the functionalist critique, which we seem to enjoy so much, and – maybe a little too rashly – has made us cast overboard all connections between form and content, use and ergonomics, has obviously not yet affected the Portuguese industrial designers.

On the other hand, the 'message of the crisis of functionalism' seeps, so to speak, subcutaneously into the consciousness of the Portuguese designers, not only by means of magazines and books, but via the electronic media as well. And it is precisely this which makes the way they deal with their products so fascinating for us: To what extent have they absorbed, perhaps even anticipated "another way of thinking" in their functional, functionalist designs?

With regard to many of those products one might be justified to speak of a contemporary neo-functionalism, which unambiguously prefers the primacy of function over that of form. Questions with regard to ergonomics and further functional development are still based on the designer's classical understanding of design and the designer's role as a service provider for industrial production,

Kommentars insgesamt auf die Bedingungen der Industrie hin, wie sie etwa Arbeiten von Alchimia und Memphis bestimmt.

Eine Denkvoraussetzung für dieses nüchtern – funktionalistische Produktdesign ist sicherlich in der modernen Architektur Portugals zu sehen, die mit der "Schule von Porto" internationale Reputation erlangte.

Begründet von Fernando Tavora und fortgeführt von Alvaro Siza Vieira haben die Bauten dieser Richtung, vor allem Wohnquartiere, in Affinität zu Auffassungen von Alvar Aalto, einen kritischen, gleichwohl in der Tradition der Moderne stehenden Regionalismus etabliert, der in vielen Ländern Wirkung zeigte und auf vielfältige Weise mit dem italienischen Rationalismus der 70er Jahre verknüpft ist. Überhaupt zeigen manche der Produkte erstaunliche Parallelen zu skandinavischen Design. Auch dort ist ja der funktionalistische Ansatz nach wie vor dominant und ungebrochen. Vor allem im Bereich der Leuchten allerdings zeigt sich auch im portugiesischen Produktdesign die internationale Tendenz zur Miniaturisierung, zur Marginalisierung der Volumen.

High-Tech-Equipment, Consumer electronics als eigenständige Lösungen sind dagegen kaum vorhanden. Im Möbelbereich, bei den Gebrauchsgegenständen des Alltags oder auch beim Schmuck zeigt sich jedoch insgesamt eine Bandbreite gestalterischer Ansätze, die es wert sind über die Grenzen des Landes hinaus wahrgenommen zu werden. Dazu möchte die Ausstellung beitragen.

rather than a literary-critical interpretation of, and an overall cultural commentary on, industry and society, as in the works of Alchimia and Memphis.

An intellectual approach for this down-to-earth functionalist product design may be seen clearly in Portugal's modern architecture, which gained international reputation with the 'School of Porto'. Established by Fernando Tavora and carried on by Alvaro Siza Vieira, the buildings of this school, above all residential buildings, with an affinity for the architecture of Alvar Aalto, have established a critical regionalism which stands within the tradition of modernity, with influence in many countries, and may be associated with the Italian rationalism of the seventies in many ways.

In general some products show a suprising parallel to Scandinavian design. The functionalist approach there is still dominant and unbroken.

In the field of lighting, however, Portuguese product design also shows an international tendency to miniaturize, and marginalize the volume of the object; but high-tech-equipment and consumer electronics as self-contained solutions can hardly be found. In the field of furniture, of tableware, everyday objects and also of jewellery, one can find a spectrum of design approaches which are worth noting beyond the national frontiers of Portugal. To focus these aspects, this exhibition wishes to make its contribution.

Design „auf Portugiesisch“

„Die Zeit ist gekommen, da wir in uns gehen, uns in unseren Heimen verbarrikadieren und unverwandt das Land bauen sollten, das für uns alle bewohnbar ist, ohne ewig darauf zu warten, dass jemand von nahem oder weitem kommt, uns die Lösung zu bieten, die, wie es in der berühmten Allegorie heisst, irgendwo in unserem eigenen kleinen Hinterhof vergraben ist. Wir sind nicht allein auf dieser Welt, noch waren wir es jemals. Wir sind ein Volk der bescheidenen Meinungen, so wie unsere Stellung innerhalb der grossen Völkerordnung auch bescheiden ist. Aber niemand kann an unserer Stelle, die schwierige Aufgabe meistern, die darin besteht, die grössten Errungenschaften, derer wir fähig sind, anzupreisen, während wir weiterhin innerhalb der Grenzen dieser Bescheidenheit funktionieren. Eine derartige Aufgabe erfordert eine tiefgehende kulturelle Umwandlung, eine, die es uns ermöglicht, kritisch das zu betrachten, was wir sind und was wir tun, ohne gleichzeitig unser Vertrauen in unsere Fähigkeiten zur selbständigen Schöpfung zu verlieren, weiterhin bereit, uns durch andere ändern zu lassen, wie wir es schon immer waren, allerdings nicht in Form einer mimetischen, opportunistischen Angleichung der Schöpfungen der anderen oder dessen luxuriösen Äusserungen an unser Leben, während mit der Lösung des Hauptproblems des Landes noch nicht einmal begonnen wurde.“

(Eduardo Lourenço, **Das Labyrinth der „Saudade“,** S. 47-48)

Design 'in Portuguese'

Vitor Manaças

"The time has come to run indoors, barricade ourselves inside our homes and steadfastly build the country that is inhabitable by all of us, without waiting eternally for someone out there or far off to provide the solution which, just as is said in the famous allegory, is buried somewhere in our own tiny back yard. We are not alone in the world, nor have we ever been. We are a people of modest means, just as our place in the great order of peoples is a modest one. But nobody can take our place in the difficult task of collectively promoting the greatest achievements of which we are capable while operating within the limits of this very modesty. Such a task requires a deep cultural conversion, one that will enable us to take a critical look at what we are and what we do, without at the same time destroying our confidence in our capacities for autonomous creation, remaining as ready to converse with others as we have ever been, but not operating in the form of a mimetic, opportunistic adaptation of the creations of others or their luxurious manifestations amongst us whilst the country's basic problems have not even begun to be solved.

*(Eduardo Lourenço, **The Labyrinth of "Saudade"**, pp. 47-48)*

Design first began to be talked about in Portugal, outside a restricted circle of people, from the 1960s onwards, when the Industrial Design Unit of the National Institute for

In den sechziger Jahren begann man in Portugal erstmals auch ausserhalb eines geschlossenen Personenkreises über Design zu sprechen, nachdem die Abteilung für Industriedesign des Portugiesischen Institutes für Industrieforschung (INII) eine Veranstaltungsreihe organisierte, deren Ziel es war, der Öffentlichkeit ein Tätigkeitsfeld vorzustellen, das als bedeutend für die Entwicklung der portugiesischen Industrie angesehen wurde, sowie diesem Industriezweig auf dem internationalen Markt eine Nische zu öffnen.

Conceição Silva + Manuel Rodrigues. Ausstellung *Königin Leonor,* 1959

Die sechziger Jahre können zwar als der Zeitpunkt für den Beginn des offenen Gesprächs über Design angesehen werden; die Anfänge einer Geschichte, die noch zu schreiben und von grösster Bedeutung für das theoretische Verständnis der Entwicklung dieser Disziplin in unserem Land ist, können allerdings nicht hier angesetzt werden. Tatsächlich ist eines der Probleme, mit denen man sich in Portugal jedesmal konfrontiert sieht, wenn man versucht, über Design als eine professionelle Disziplin nachzudenken, das Fehlen einer historischen Perspektive sowie systematischer und detaillierter Forschungsarbeiten, vor allem in jenen verschiedenen Zweigen, wo das Wort Design die Bedeutung von Beruf hat.

Die Geschichte des Designs in Portugal zu schreiben, wird nur möglich sein, wenn auf der einen Seite die Arbeiten einiger der wichtigsten Persönlichkeiten der portugiesischen Architektur auf spezifische Art und Weise erforscht werden, und auf der anderen Seite die Arbeiten der anonymen Zeichner jener

Industrial Research (INII) organised a series of events to publicise an activity that it considered to be important for the development of Portuguese industry and for establishing a niche for it in international markets.

Conceição Silva + Manuel Rodrigues. *Queen Leonor* exhibition, 1959

Although the 1960s may be a starting point for beginning to talk about design in Portugal, they do not mark the beginning of a history which has yet to be written and which is fundamental for a theoretical understanding of the development of this particular discipline in our country. In fact, one of the problems which we confront in Portugal whenever we wish to think about design as a professional discipline is the absence of both a historical perspective and systematic detailed research, particularly in those different areas where the word 'design' means a profession.

It will only be possible to write the history of design in Portugal when, on the one hand, specific research is undertaken into the work of some of the most important figures in Portuguese architecture and, on the other hand, when an analysis is made of the work of the anonymous draughtsmen of the artefacts that fed the assembly shops of the incipient Portuguese industry. It is also necessary, here, to reflect upon the importance of the contribution made towards this history by the (arts and) crafts.

It would not therefore be possible (even if this text were being written for another purpose) to undertake a detailed analysis of the decades before design began to be talked

Objekte, die die Fliessbänder der portugiesischen Industrie in ihren Anfängen in Bewegung hielten, analysiert werden. Ausserdem sollte in diesem Zusammenhang auch über die Bedeutung des Beitrags der *Arts and Crafts*-Bewegung für diese Geschichte nachgedacht werden.

Demgemäss ist es hier nicht möglich (auch wenn dieser Text zu einem anderen Zweck geschrieben wurde), eine detaillierte Analyse der Jahrzehnte zu unternehmen, bevor Design zum Gesprächsthema in Portugal wurde, weder im Hinblick auf den Beitrag der Architektur noch im Hinblick auf die Personen, die die von der Industrie hergestellten Gegenstände entwarfen. Weder ist eine Analyse hinsichtlich der Gestalter möglich, da die unternommenen Studien der Architektur den Vorrang geben, was in der Natur der Sache liegt, noch ist es möglich, im Hinblick auf die Letztgenannten Studien vorzunehmen, da leider noch sehr viel Forschung vonnöten ist, um dem Thema gerecht werden zu können.

Im Laufe dieses kurzen Überblicks über die erste Hälfte des zwanzigsten Jahrhunderts soll hier nichtsdestotrotz auf die Arbeiten von drei Architekten hingewiesen werden: Raúl Lino (1879-1974); Cristino da Silva (1896-1976) und Cassiano Branco (1898-1969). Raúl Lino war eindeutig gegen die Industrialisierung, eine Haltung, die in gewisser Weise mit der in der zweiten Hälfte des neunzehnten Jahrhunderts von William Morris eingenommenen Position verglichen werden kann, und zwar sowohl im Hinblick auf die Praxis als auch auf die Theorie.

about in Portugal, neither in relation to the contribution made by architects nor in relation to the people who designed the artefacts produced by industry. It is not possible in relation to the former because those studies that have been undertaken naturally give priority to architecture, nor is it possible in relation to the latter because there is still unfortunately much research to be done into their contribution.

In the course of our brief look over the first half of the twentieth century, we should like, however, to make mention here of the work of three architects: Raúl Lino (1879-1974); Cristino da Silva (1896-1976) and Cassiano Branco (1898-1969). Raúl Lino was clearly opposed to industrialisation, a stance which we can compare in some ways with the positions that were adopted by William Morris, from the viewpoint of both theory and practice, in the second half of the nineteenth century. According to some authors, it was here that the history of industrial design actually began, for they consider industrial design to be "the direct consequence of a relationship of reciprocal influences between certain aesthetic ideas defended by a number of exceptional personalities (the famous line starting at Ruskin and Morris, passing through Van de Velde, and finally arriving at Gropius) and certain technological innovations (the no-less famous line which underlines the importance of new materials, new energy resources and new machinery)" (Maldonado, 1991).

Raúl Lino was a multifaceted personality, who, in addition

Laut einiger Autoren begann die Geschichte des industriellen Designs zu diesem Zeitpunkt, in dem Sinne, dass sie industrielles Design als „die direkte Konsequenz der Beziehung gegenseitiger Einflüsse zwischen bestimmten ästhetischen Konzepten, welche von einer Zahl von aussergewöhnlichen Persönlichkeiten vertreten werden (eine berühmte Reihe, die bei Ruskin und Morris beginnt, über Van de Velde geht, um bei Gropius zu enden) und bestimmten technologischen Neuerungen (die nicht minder berühmte Reihe, die die Wichtigkeit neuer Materialien, neuer Energieressourcen und neuer Machinen hervorhebt) definieren" (Maldonado, 1991).

Cassiano Branco. *Palladium* Bar, Lissabon, 1933

Raúl Lino war eine vielschichtige Persönlichkeit. Neben seiner Tätigkeit als Architekt widmete er sich auch verschiedenen Bereichen der angewandten Kunst, vom Möbeldesign bis hin zu Studien für verschiedene Ziegelmuster. Er „hat weder Verständnis für die Maschine, noch für die neuen ästhetischen Werte, die der Einsatz von Maschinen mit sich bringt. *Es ist bekannt, dass in jeder Arbeit, die als künstlerisch angesehen wird, die Prägung durch die Maschine immer der Feind des Schönen ist. Eine Situation, die immer schlimmer zu werden droht, da die Aktion der Maschine in den Vordergrund rückt, während das Feingefühl des Kunsthandwerkers immer mehr an Einfluss verliert."* (Almeida, 1970).

Cristino da Silva und Cassiano Branco gehören zu jener Generation von Architekten, die zwischen 1925 und 1936 Protagonisten bei der „einzigen Gelegenheit waren, bei der sich

to architecture, dedicated himself to the applied arts in very diversified areas, ranging from the design of furniture to the study of tile patterns. He "does not understand the machine nor accept the new aesthetic values that the machine implies. *It is known that in any work that is recognised as being of an artistic nature, the imprint of the machine is always the enemy of beauty, a situation which grows even worse as the action of the machine becomes more evident and the sensibility of the craftsman exerts less influence*" (Almeida, 1970).

Cassiano Branco. *Palladium* Bar, Lisbon, 1933

Cristino da Silva and Cassiano Branco belong to the generation of architects who between 1925 and 1936 were the protagonists of the "only occasion when the influence was felt in this country, and with almost no time lag, of an international vanguard movement, that was understood in relation to some of its most profound motivations and not only in relation to its superficial and fashionable aspects" (Portas, 1973). In the case of the first of these two architects, we should like to stress how important for the world of design was the equipment that he designed for some of his projects, and in the case of the second - in addition to the equipment that he also designed for his projects - we should like to draw attention to a number of remarkable pieces of street furniture.

Although it is not possible in this text to undertake an exhaustive analysis of what actually represented the early beginnings of design in Portugal, we should like, however, to

in diesem Lande und fast ohne Zeitverschiebung der Einfluss einer internationalen Avantgarde-Bewegung bemerkbar machte, die zudem aus ihren tiefsten Beweggründen heraus verstanden wurde und nicht nur im Zusammenhang mit ihren oberflächlichen und modischen Seiten" (Portas, 1973). Bei dem ersten der beiden Architekten, möchten wir betonen, wie wichtig die von ihm für einige seiner Projekte entworfene Ausstattung für die Welt des Designs war. Was den zweiten Architekten angeht, möchten wir – zusätzlich zu den Ausstattungen, die auch er für seine Projekte entwarf – auf die Reihe beachtenswerter städtischer Ausstattungsgegenstände hinweisen.

Aussenansicht, Lissabon, 1938

Auch wenn im Rahmen dieses Textes eine umfassende Analyse dessen, was die frühen Anfänge des Designs in Portugal ausmachte, nicht möglich ist, möchten wir nichtsdestotrotz die Ausstellung der Portugiesischen Welt zur Sprache bringen, die 1940 als Teil der Jahrhundertfeiern stattfand (1140 Gründung des portugiesischen Königreiches; 1640 Ende der spanischen Herrschaft über Portugal), „in dem Sinne, dass dieses Ereignis zahlreiche Künstler, Architekten und Innenausstatter zusammenbrachte, die dort nicht im Bereich des industriellen Designs arbeiteten, sondern im Bereich der Innenausstattung usw. tätig waren. Einige unter ihnen hatten schon anlässlich anderer Arbeiten Erfahrungen gesammelt, so z.B. beim Bau des portugiesischen Pavillons für die Weltausstellung in Paris, 1937, und des Pavillons für die Ausstellung in New York im Jahre 1939. Manche konnten ihre Tätigkeit bis in die heutige Zeit

Cristino da Silva. *Café Portugal*, exterior. Lisbon, 1938

mention the Exhibition of the Portuguese World, held in 1940 as part of the centenary commemorations (1140 marking the foundation of the Portuguese nationhood; 1640 marking the end of Spanish dominion over Portugal), "as this brought together many artists, architects and decorators, who found work there, not in industrial design but in the decoration and arrangement of interiors, etc. Many of them brought with them experience of other works, namely in the building of the Portuguese pavilion for the Paris International Exhibition in 1937 and the pavilion for the New York World's Fair in 1939. Some have been able to continue their activity until the present day working in the field of graphic design, the interior architecture, and the equipment and design of exhibitions." (Manaças, 1986)

As we have said, the period between the middle of the 1950s and the beginning of the 1970s was significant in that it encouraged people to talk about design in Portugal, with some of the changes effected to our economic policy being important for promoting this dialogue: in 1959 Portugal was accepted as a member of EFTA; the global adaptation of the Portuguese economy to the "restrictions arising from its integration into other much vaster spaces" was proclaimed (in the form of the Third Development Plan, 1960-1963), as well as the "expansion and diversification of exports, which needed to be more demanding in terms of quality and denser in terms of added value and technology" (Santos,

fortsetzen; sie arbeiten in Bereichen des Graphikdesigns, der Innenarchitektur und der Ausstattung, des Entwurfs von Ausstellungen." (Manaças, 1986).

Wie schon erwähnt, war der Zeitpunkt zwischen der zweiten Hälfte der fünfziger Jahre und dem Anfang der siebziger Jahre in dem Sinne wichtig, dass die Menschen in Portugal dazu angehalten wurden, über Design zu sprechen. So waren auch einige der Veränderungen innerhalb der portugiesischen Wirtschaftspolitik zur Förderung dieses Dialoges von Bedeutung: 1959 wurde Portugal Mitglied der EFTA; die globale Anpassung der portugiesischen Wirtschaft an die „Einschränkungen, die eine Eingliederung in andere sehr viel weitläufigere Räume mit sich bringen" wurde verkündet (in Form des dritten Entwicklungsplans, 1960-1963), so wie die „Erweiterung und Diversifizierung des Exports, der, was Qualität angeht, anspruchsvoller und, was Wert und Technologie angeht, einheitlicher werden sollte" (Santos, 1990); das Handelsabkommen mit der EWG wurde 1972 unterzeichnet. Diese Jahre wurden auch durch Investitionen grosser privater Wirtschaftsunternehmen und die Möglichkeiten, auf ausländisches Kapital zurückzugreifen, geprägt. Architekten und Designer entdeckten einen neuen Kundenstamm, die Baufirmen, die in dieser Zeit ihre Suche nach Projekten im Fremdenverkehrssektor begannen.

Diese Ereignisse bildeten also den Hintergund der vom INII, zwischen 1965 und 1973, organisierten Veranstaltungen, die wir als bedeutend betrachten, da sie einige der Momente definie-

1990); the trade agreement with the EEC was signed in 1972. These years were also marked by the investments that were made by large private economic groups and the recourse that was had to foreign capital. The architect and the designer both discovered a new client, the property companies who were beginning to step up their search for tourist developers.

It was against this background that, between 1965 and 1973, INII organised the events that we considered important because they were to define some of the moments that marked the beginning of the discussion about the problems of design. In 1965, the International Exhibition of Industrial Design was held as part of the First Fortnight of Industrial Aesthetics with the participation of representatives from industries in Finland, France, England, Italy and Portugal; in 1966, a course in design was given by Sérgio Asti at the National Laboratory of Civil Engineering; in 1971, the Conference on Industrial Design was held, together with the First Exhibition of Portuguese Design, which took place in Lisbon and Porto, and the Exhibition of Italian Industrial Design, Compasso D'Oro, at which the following were represented, amongst others: Vico Magistretti, Rodolfo Bonetto, António Botta, Mário Bellini, Bruno Munari; in 1973, the Second Exhibition of Portuguese Design was held, as well as the Exhibition of the International Manual Glassmaking Competition which formed part of the Hand-made Glass Conference, which was held in Lisbon in the same year.

ren, die den Beginn der Diskussion über die Probleme des Designs kennzeichnen. 1965 fand die erste internationale Ausstellung für industrielles Design statt, als Teil der ersten Veranstaltungsreihe über industrielle Ästhetik, bei der Vertreter der Industrie aus Finnland, Frankreich, Grossbritannien, Italien und Portugal teilnahmen. 1966 hielt Sérgio Asti im Nationallaboratorium für Ingenieurwissenschaften einen Designkursus ab. 1971 fand die Konferenz über industrielles Design statt, gleichzeitig mit der ersten Ausstellung über portugiesisches Design, die in Lissabon und Porto veranstaltet wurde, und der Ausstellung über italienisches industrielles Design, *Compasso D'Oro*, auf der u.a. Vico Magistretti, Rodolfo Bonetto, António Botta, Mário Bellini, Bruno Munari vertreten waren 1973 fand die zweite Ausstellung über portugiesisches Design statt, sowie auch der internationale Wettbewerb des Glashandwerks, als Teil des Kongresses über Glashandwerk, der in demselben Jahr in Lissabon stattfand.

Während der Katalog der ersten portugiesischen Designausstellung kaum mehr als einen erneuten Blick auf die Ausstellung an sich bietet und es nicht erlaubt, die Zusammenhänge nachzuvollziehen, worauf die Ausstellung basierte (de facto, enthält der Katalog ausser der Einleitung und der Biographien der Designer nur einen interessanten, wenn auch kurzen Text von Frederico George), ermöglicht uns der Katalog der zweiten Ausstellung (der Texte von Spezialisten verschiedener Bereiche enthält) ein Verständnis der Zusammenhänge der Ausstellung

Sena da Silva. stapelbarer Schulstuhl 1962-70

Sena da Silva. School chair, stacked, 1962-70

Whereas the catalogue of the First Exhibition of Portuguese Design allows us to do little more than look at the exhibition once more, not enabling us to see the contexts in which this exhibition took place, (in fact, apart from the introductory text and the biographies of the designers, the catalogue only contains one interesting, but short, text by Frederico George), the catalogue of the Second Exhibition (which contains texts by specialists in different areas) allows us to understand the contexts in which the exhibition was held and to reflect, from the viewpoint of both theory and practice, on the developments that have taken place in the world of design over the 24 years that have elapsed since 1973.

From this latter catalogue, I should like to draw attention to the text "Two or three 'pessimistic' considerations about the designer and his products" because its author (the architect Nuno Portas) makes one or two statements that are very pertinent even today. The text says: "Sociologically, the qualification of products in terms of the enlightened intervention of the designer tends to be yet another factor of socio-cultural discrimination: either because *designed* products introduce other criteria of quality (and are thereforeintended for more demanding consumers) or because they are requested, in particular, by enlightened manufacturers from relatively limited series and are generally subject to a lower rate of obsolescence (and are therefore

und fördert zudem die Reflektion, sowohl in theoretischer als auch praktischer Hinsicht, über die Entwicklungen, die in der Welt des Designs in den 24 Jahren nach 1973 stattfanden.

An dieser Stelle sei auf einen Text aus dem letztgenannten Katalog hingewiesen mit dem Titel „Zwei oder drei 'pessimistische' Überlegungen zum Designer und zu seinen Produkten", in dem der Autor (der Architekt Nuno Portas) eine oder zwei Behauptungen aufstellt, die auch noch in der heutigen Zeit nicht an Gültigkeit verloren haben. Im Text heisst es: „Vom soziologischen Standpunkt her, entwickelt sich die Qualifizierung von Produkten hinsichtlich des erleuchtenden Eingriffs des Designers zu noch einem Faktor sozio-kultureller Diskriminierung: zum einen, weil Designprodukte andere Qualitätskriterien erforderlich machen (und deshalb für anspruchsvollere Kunden bestimmt sind), oder aber, weil sie vor allem von aufgeklärten Kunsthandwerkern in relativ limierten Auflagen produziert werden und im allgemeinen nicht so schnell veralten (und auf diese Weise für ein wohlhabenderes Publikum bestimmt sind), oder auch weil sie ganz „andere" Gestalten und Formen aufweisen, die dem Bildungsstand bestimmter sozialer Schichten entsprechen (und die deshalb für eine gebildetere und gehobenere Käuferschicht bestimmt sind, die sich dann mit Ideen wie „was heutzutage 'in' ist..." oder „das ist aber 'out'..." beschäftigen)" (Portas, 1973). Dieser Absatz, mit dem der Autor seinen Text beginnt, ist wirklich auch heutzutage noch sehr aktuell; hier wird eines der Probleme dargestellt, denen sich nicht nur das

intended for richer consumers) or else because they have very "different" shapes and forms which are culturally familiar to certain social strata (and are therefore intended for more cultivated and sophisticated consumers, who can then busy themselves with such concerns as 'what people use nowadays is . . . ' or 'you can't see this any more')' (Portas, 1973). This paragraph, with which the author begins his text is in fact very pertinent nowadays and expresses one of the problems faced not only by Portuguese design, but indeed by design as a whole. This theme was in fact touched upon by Tomas Maldonado in his book *Disegno Industriale: Un Riesame*[1] published in 1991.

If we refer here, in the case of the first two exhibitions of Portuguese design, to more than just the simple fact of their

[1] "In recent years, and particularly in Italy, there has been a great deal of theorising about choosing between two different types of design: on the one hand, the 'cold design' aimed at industrial production and intended for mass consumption, and, on the other hand, the 'warm design' made by very few people working with limited resources, and intended for the enjoyment of only a few social subjects. What immediately strikes one here is the value judgement that is implicit in the use of notions such as cold and warm.: on the one hand, one has an 'inhuman design' because it is cold, and, on the other hand, a 'human design' because it is warm." Although Maldonado does not deny "any individual or group the legitimate right to manufacture objects for use, aside from industrial production, seeking inspiration in more or less traditional artistic values," he does, however, consider it impossible for there to be "absolute hegemony of the so-called 'warm design' in relation to any other vision than its own. In particular in relation to the design which they have stigmatised as cold."

portugiesische Design stellen muss, sondern das Design überhaupt. Dieses Thema wird von Thomas Maldonado in seinem 1991 veröffentlichten Buch *Disegno Industriale: Un Riesame1* angeschnitten.[1]

Wir beschränken uns hier nicht allein auf eine simple Erwähnung der ersten beiden Ausstellungen über portugiesisches Design, weil wir einerseits glauben, dass einige der damaligen Studien über die vom Design einzuschlagenden Wege noch heute ihre Gültigkeit haben, und andererseits, weil diese Ausstellungen die Objekte zeigten, die zu dieser Zeit in Portugal gemacht wurden und die vor allem aus den Gebieten der Möbel-, Glas- und Keramikherstellung und des Graphikdesigns stammten. Einige stellen unbestrittene Meilensteine der Entwicklung des portugiesischen Designs dar und waren ausschlaggebend für die Bedeutung, die jenen

[1] In den letzten Jahren und besonders in Italien, wurden viele Theorien zur Wahl zwischen zwei verschiedenen Designarten aufgestellt: auf der einen Seite das „kalte Design" mit dem Ziel industrieller Produktion zur Massenware, und auf der anderen das „warme Design", hergestellt von wenigen Leuten mit begrenzten Mitteln zur Bereicherung von einigen wenigen Individuen. Was hier sofort als störend empfunden wird, ist die implizite Bewertung beim Gebrauch von den Wörtern „kalt" und „warm": auf der einen Seite „unmenschliches Design", weil es kalt ist, auf der anderen warmes, also „menschliches Design". Trotzdem spricht Maldonado keinem Individuum oder Gruppe das Recht ab, Gebrauchsartikel zu fertigen, die nicht industriell produziert wurden und in mehr oder weniger traditionellen künstlerischen Werten Inspiration suchen. Er hält es, nichtsdestotrotz, für unmöglich, dass „das sogenannte 'warme Design' in absoluter Vormachtstellung in Beziehung zu irgendeiner anderen Vision als seine eigene steht. Insbesondere im Verhältnis zu dem Design, das als kalt stigmatisiert wurde."

Miria Toivola. Teeservice, Steingut, 1970

having taken place, it is because, on the one hand, we believe that some of the analyses that were made at that time about the paths to be followed by Portuguese design are still worthy of our consideration nowadays and, on the other hand, because they exhibited the objects that were being made at that time in Portugal and which mainly included the areas of furniture, glassware, ceramics and graphic design. Some of these represented undeniable landmarks in the development of Portuguese design, determining the importance and significance of what we may consider now to be the first generation of designers.

Revisiting the exhibitions through the catalogues (which remain to register the memory of events), I cannot help risking highlighting, in an evidently subjective fashion, some of those pieces which I consider to be paradigmatic: the *Cortez* desk and chairs by Daciano Costa (1953), the *Osaka-70* chair by António Garcia (1969), the *stackable chair for schools* by Sena da Silva (1970), the *coffee-service* by Miria Toivola (1970) and the *AP1 lamp* by Conceição Silva (1963). I should also like to draw attention to the *SA21 circular loom* produced by Mague Metal and Machinery Products (1955), and *the K190 motorcycle* produced by the Projects Department of the Casal Metallurgical Company (1970).

Miria Toivola. Tea service, earthenware, 1970

It was also at the beginning of the 1960s that Daciano Costa discovered “the first objective possibility of working as a designer”. He was given this opportunity by Longra, which

zugesprochen wird, die wir heutzutage als die erste Designergeneration bezeichnen.

Wenn ich die Ausstellung über die Kataloge nochmals besuche (die als Erinnerung an die Ereignisse verblieben) kann ich es nicht vermeiden, das Risiko einzugehen, auf eine selbstverständlich subjektive Art, einige der Objekte, die ich als Musterbeispiele bezeichne, ins Rampenlicht zu stellen: der Tisch und die Stühle *Cortez* von Daciano Costa (1953), der Stuhl *Osaka-70* von António Garcia (1969), *der stapelbare Schulstuhl* von Sena da Silva (1970), das *Kaffeeservice* von Miria Toivola (1970) und die AP1 *Lampe* von Conceição Silva (1963). Einen besonderen Hinweis verdient auch der *runde Webstuhl SA 21,* der von *Mague*, Maschinenbauwerke, produziert wurde (1955) und das von *Casal* -Metallwerken produzierte Motorrad *K190* (1970).

Conceição Silva. Wandleuchte, 1963

Es geschah auch Anfang der sechziger Jahre, dass Daciano Costa „die erste objektive Möglichkeit als Designer zu arbeiten" fand. Diese Chance wurde ihm von *Longra* geboten, dessen Direktor „ein intelligenter Mann war, der lange vor allen anderen Unternehmern verstanden hatte, was Design ist. Sein Name war Fernando Seixas." (Costa, 1974). Ein anderer wichtiger Wendepunkt in dieser Epoche war die Pionierarbeit des Architekten Conceição Silva (1922-1982), der in seinem eigenen Studio ein Designbüro gründete. Dies ermöglichte ihm, Möbel und andere Ausstattungsmaterialien für seine Architekturprojekte zu entwerfen, so wie auch andere Objekte, z.B. städtische

Conceição Silva. Wall light, 1963

was "run by an intelligent man who understood what design was much earlier than any other manufacturer, a man called Fernando Seixas." (Costa, 1974). Another important landmark in this period was the pioneering experience of the architect Conceição Silva (1922-1982), who created a design office in his own studio. This allowed him to developed furniture and other equipment for his architectural projects, as well as other objects, such as street furniture.

These examples represent a serious commitment to the production of quality objects, with the period between the beginning of the 1960s and the beginning of the 1970s representing a possible starting point for a reflection on today's design, even though present-day designers are working in completely different contexts.

It was during this period that the first attempts were made to teach design: in 1965 the first Artistic Training Course was organised at the National Society of Fine Arts (SNBA); in 1969, the Institute of Art and Decoration (IADE) was founded; and in 1972, the Centre for Arts and Visual Communication (AR.CO) was founded. Although these schools had different philosophies, they all contributed to the first steps in the teaching of design.

Other important considerations for understanding the development of design in Portugal (and therefore representing a subject that needs to be thought about carefully) are, on the one hand, the important role that was

Ausstattungsgegenstände.

Diese Beispiele stellen ernsthafte Verpflichtungen zur Produktion von Qualitätsprodukten dar, während der Zeitraum zwischen Anfang der sechziger Jahre und Anfang der siebziger Jahre als möglicher Anhaltspunkt für das Nachdenken über das heutige Design angesehen werden kann, auch wenn die heutigen Designer in einer ganz anderen Richtung arbeiten.

Zu dieser Zeit wurden auch die ersten Versuche gestartet, Design zu lehren: 1965 wurde der erste Trainingkurs für Künstler von der Portugiesischen Gesellschaft für Bildende Künste (SNBA) veranstaltet; 1969 wurde das Institut für Kunst und Dekoration (IADE) und 1972 das Zentrum für Kunst und Visuelle Kommunikation (AR.CO) gegründet. Auch wenn diese Schulen unterschiedliche Lehrkonzepte hatten, so trugen sie allesamt zu den ersten Schritten der Designausbildung bei.

Raúl Lino. *Loja das Meias*
Aussenansicht d. Geschäfts,
Lissabon, 1931

Wichtig für das Verständnis der Entwicklung des Designs in Portugal (und demzufolge auch für die Darstellung eines Themas über das sehr eingehend nachgedacht werden sollte) sind auf der einen Seite die bedeutende Rolle, die viele, zwischen den dreissiger und den fünfziger Jahren, vor allem in Lissabon und Porto, eröffneten Geschäfte spielten, und, auf der anderen Seite, einige der Vorschläge der Museen, die ab 1950 in die Tat umgesetzt wurden. Diese stellen wichtige Bezugspunkte dar, sowohl hinsichtlich des Designs als auch der Architektur, da sie das innige Verhältnis zwischen Raum (Architektur) und Ausstattung (Design) widerspiegeln.

played by many of the shops built between the 1930s and 1950s, particularly in Lisbon and Porto, and, on the other hand, some of the museographical proposals that were brought to fruition from the 1950s onwards. These represent significant landmarks from the point of view of both architecture and design, given the intimate relationship that is established between space (architecture) and equipment (design).

Raúl Lino. *Loja das Meias* shop exterior, Lisbon, 1931

In relation to shop fitting, I should like to mention: the *Loja das Meias* (1931) by Raúl Lino; the *Café Portugal* (1937) by Cristino da Silva; the *Pic-Nic* Snack Bar (1954) by Victor Palla and Bento de Almeida and the *Rampa* shop (1959) by Francisco Conceição Silva: These were paradigmatic examples of: a correctly performed integration into the urban space (*Loja das Meias*); being in tune with what was being done outside Portugal (*Café Portugal*); a new way of looking at the project for a restaurant (*Pic-Nic*); and a perfect interconnection of spaces and functions (*Rampa*).

The first event that took place in Portugal after the introduction of these new museographical trends (which had first developed in Italy in the 1950s with the works of Franco Albini, Carlo Scarpa or Gardella, for example) was the Evocative Exhibition of Queen Leonor held in Lisbon in 1958, with Conceição Silva being responsible for the co-ordination of the project. Two years later, with the help of Daciano Costa, Frederico George was responsible for the project for the Exhibition to Commemorate the Fifth Centenary of Prince

Hinsichtlich der Eröffnung von Geschäften, sei besonders auf folgende hingewiesen: die *Loja das Meias* (1937) von Raul Lino, das *Café Portugal* (1937) von Cristino da Silva, die *Pic-Nic* Imbiss-Bar (1954) von Victor Palla und Bento de Almeida und der Laden *Rampa* (1959) von Francisco Conceição Silva. Allesamt sind sie Musterbeispiele für eine korrekt entworfene Integration in das städtische Umfeld (*Loja das Meias*), ein Projekt im Einklang mit dem, was ausserhalb Portugals gemacht wurde (*Café Portugal*), eine neue Art, das Projekt für ein Restaurant zu betrachten (*Pic-Nic*) und die perfekte Verbindung zwischen Raum und Funktion (*Rampa*).

Cristino da Silva. *Café Portugal*, Lissabon, Eingang, 1938

Das erste Ereignis, das in Portugal nach der Einführung der neuen Museumstrends (die zuerst in Italien entwickelt wurden, in den fünfziger Jahren, mit den Arbeiten von Franco Albini, Carlo Scarpa oder Gardella, z.B.) stattfand, war die Ausstellung zu Ehren der Königin Leonor 1958 in Lissabon. Conceição Silva war für die Koordination des Projektes verantwortlich. Zwei Jahre später zeichnete Daciano Costa, in Zusammenarbeit mit Frederico George, verantwortlich für die Ausstellung zum Anlass der Fünfhundertjahrfeier zu Ehren Heinrichs des Seefahrers. 1969 wurde schliesslich das Museum Calouste Gulbenkian in Lissabon eröffnet, wo sich auf derselben Fläche die Zentrale der Stiftung und das Museum befanden. Für das Museumsprojekt waren u.a. Sommer Ribeiro, Rogério Ribeiro und Vitor Manaças verantwortlich. Dieses Museum stellt eine der bedeutendsten Bezugspunkte für die Museographie dar, die in Portugal durch

Conceição Silva. *A Rampa*, Laden, Innenansicht, Lissabon 1961

Islamische Galerie

Cristino da Silva. *Café Portugal*, Lisbon, entrance, 1938

Conceição Silva. *A Rampa* shop interior, Lisbon 1961

Calouste Gulbenkian Museum, Islamic galleries, Lisbon , 1969

Henry the Navigator. Bringing together both the Foundation's Headquarters and its Museum in one area, the Museu Calouste Gulbenkian was opened in Lisbon in 1969, the museographical project being the responsibility of Sommer Ribeiro, Rogério Ribeiro and Vítor Manaças, amongst others. It is one of the most important landmarks of a museography which, in Portugal, was brought about by Italian influences.

The 1980s and 1990s were marked by the renovation of a significant group of museums, amongst the most important of which are: the Amarante Municipal Museum, which re-opened in 1987 with a project by Alcino Soutinho; and the Soares dos Reis National Museum in Porto, in 1966, by Fernando Távora. These renovations were not unconnected with the holding of the XVII European Exhibition of Art, Science and Culture, in 1982, and the fact that, in 1994, Lisbon was the European Cultural Capital.

All these events that we have been talking about also took place against the background of an interplay between generations and experiences, with some of those taking part citing the architect Frederico George (1915-1994) as their master, "the first time that perhaps..., no not perhaps, certainly the very first time that I heard the word "design", it was Frederico George who used it." (Costa, 1974).

The creation in 1975 of the design courses at the Lisbon College of Fine Arts (ESBAL) and the Porto College of Fine Arts (ESBAP - although each of these colleges are now

italienischen Einfluss zustande kam.

Die achtziger und die neunziger Jahre wurden durch die Renovierung einiger einflussreicher Museen geprägt, von denen die wichtigsten das städtische Museum von Amarante, das 1987 mit einem Projekt von Alcino Soutinho wiedereröffnete und das Nationalmuseum Soares dos Reis in Porto von Fernando Távora sind Diese Renovierungsprojekte stehen in Zusammenhang mit der 17. Europäischen Kunst-, Wissenschafts- und Kulturausstellung, die 1982 stattfand, und der Tatsache, dass 1994 Lissabon Europäische Kulturhauptstadt war.

All diese Ereignisse fanden gleichzeitig mit einer Wechselwirkung zwischen Generationen und Erfahrungen statt, wobei einige der Akteure den Architekten Frederico George (1915-94) als ihren Meister zitieren, „das erste Mal, das ich vielleicht..., nein, nicht vielleicht, sicherlich das erste Mal, das ich das Wort „Design" hörte, kam es aus dem Mund von Frederico George." (Costa, 1974).

Die Gründung von Designstudiengängen an der Lissaboner Kunstakademie (ESBAL) und an der Kunstakademie in Porto (ESBAP – heutzutage werden beide Akademien als Kunsthochschulen bezeichnet) und die Gründung (durch eine Gruppe von Profi-"Designern") des Portugiesichen Designerverbandes (APD) im Jahre 1976 stellen musterhafte Beispiele für einen Prozess dar, der seit dieser Zeit eine signifikante Entwicklung durchgemacht hat. Auf der einen Seite überboten diese Entwicklungsprozesse alle Erwartungen, und trotzdem wurden sie nicht

Alcino Soutinho. Museum von Amarante, Innenansicht, 1987

João Almeida, Museu Nacional de Arte Antiga, Lissabon, Innenansicht, 1982

Alcino Soutinho. Amarante Museum interior, 1987

designated Faculties of Fine Arts) and the formation (by a group of professional "designers") in 1976 of the Portuguese Association of Designers (APD) are paradigm examples of a process which since then has undergone a significant evolution. On the one hand, such developments far exceeded expectations, and yet, on the other hand, they were not accompanied by a broad-based discussion that would enable us today to assess their development and their true place in Portuguese culture.

In the case of teaching, a great deal has changed since the end of the 1980s: new schools have been created (Higher Colleges of Art and Design) and new design courses have been introduced at the Lisbon Faculty of Architecture and some private universities. But even though many of these courses have failed to solve some of the particular problems that are faced not only by the teaching of this discipline, but also by the concept of design that lies behind their creation or by the analysis of the curricula that will provide the right answers to the country's real needs, their appearance and distribution throughout the country reflects to a certain extent the importance that design is now beginning to have in Portugal.

ão Almeida, Museu Nacional de Arte ntiga, Lisbon, interior, 1982

Although teaching is not the only area which reflects this importance, it is nonetheless teaching which leads to the realisation of some of the initiatives which have been taking place here in Portugal, because many of these events are

durch eine Diskussion auf breiter Basis unterstützt, die uns heutzutage eine Bewertung der Entwicklung und des Stellenwertes in der portugiesischen Kultur erleichtern würde.

Im Falle der Ausbildung hat sich seit den achtziger Jahren sehr viel verändert: es wurden neue Schulen gegründet (Hochschulen für Kunst und Design), sowie neue Studiengänge an der Lissaboner Fakultät für Architektur und an einigen privaten Universitäten. Auch wenn einige dieser Studiengänge in dem Sinne gescheitert sind, dass sie die besonderen Probleme, die nicht nur bei der Lehre dieser Disziplin entstehen, sondern auch beim Designkonzept, worauf die Gründung dieser Studiengänge basiert, bzw. bei der Analyse der Studienfächer, die die richtigen Antworten für die wirklichen Bedürfnisse des Landes liefern werden, spiegelt die Entstehung und die Verteilung solcher Schulen über das ganze Land bis zu einem gewissen Grade die Bedeutung wider, die dem Design in Portugal zuerkannt wird.

Auch wenn die Ausbildung nicht der einzige Bereich ist, der diese Bedeutung widerspiegelt, ist es ohne Zweifel die Lehre, die zur Realisierung einiger der Initiativen führt, die hier in Portugal in letzter Zeit stattfinden, da viele dieser Ereignisse zugunsten der jüngeren Designergeneration ins Leben gerufen werden. Beispiele hierfür sind die Nachwuchswettbewerbe für Designer und die Trainees in der Industrie, die von der Portugiesischen Aussenhandelskammer (ICEP) seit 1985 in Zusammenarbeit mit anderen Organisationen und mit

geared towards the younger generation of designers. Particular examples of these are the Young Designer Competition and the training periods in industry organised by the Portuguese Foreign Trade Institute (ICEP) since 1985, in collaboration with other organisations and with the participation of companies linked to various industrial sectors such as ceramics, glassware and plastics, for example.

The Portuguese Design Centre (founded in 1985 and in active operation since 1989, and which considers that it has ". . . in its very own institutional plan, ancestors and close relatives. . .", amongst which it highlights the Centre of Art and Industrial Architecture of INII) also has as part of its statutory responsibilities, amongst others, "to promote exhibitions of quality products, with a view to arousing the interest of manufacturers and the general public in the overall quality of industrial products; to organise design competitions; to publicise information for designers, manufacturers, managers, schools and consumers."

As we have been saying, it was a much younger generation that, by also bringing about the changes through which design has passed in Portugal, was responsible for the clean break with everything that had been done in design until then. We situate this break in the second half of the 1980s, coinciding with the appearance of the first graduates from ESBAL (at least in respect to three-dimensional design), some of whom had works on display at this exhibition: Filipe Alarcão (1963);

Teilnahme verschiedener Unternehmen (u.a. dem Keramik-, Glas- und Kunststoffsektor) veranstaltet werden.

Die Statuten des portugiesischen Zentrums für Design (1985 gegründet und seit 1989 aktiv, „mit Vorfahren und sehr engen Verwandten, in seinem sehr eigenen Institutionsentwurf", von denen das Zentrum für Kunst und Industriearchitektur des INII besonders hervorzuheben ist), beinhalten u.a. „die Förderung von Ausstellungen qualitativ hochwertiger Produkte, mit dem Ziel, das Interesse der Produzenten und des breiten Publikums für die allgemein hohe Qualität der industriell hergestellten Produkte zu wecken, die Veranstaltung von Designwettbewerben, die Veröffentlichung von Informationen für Designer, Industrielle, Manager, Schulen und Kunden."

Frederico George + Daciano Costa. Ausstellung *Heinrich der Seefahrer*, (detail), 1960

Wie schon erwähnt, war es eine sehr viel jüngere Generation, die die Veränderungen hervorbrachte, denen sich das Design in Portugal ausgesetzt sah, und die mit allem, was bis dahin im Bereich des Designs gemacht worden war, abschloss. Dieser Wendepunkt ist in der zweiten Hälfte der achtziger Jahre anzusiedeln, zeitgleich mit dem Erscheinen der ersten Absolventen der ESBAL (zumindest was das dreidimensionale Design angeht), von denen einige auf dieser Ausstellung Arbeiten vorstellen: Filipe Alarcão (1963), José Viana (1960), Marco Sousa Santos (1962), Paulo Parra (1961), Pedro Silva Dias (1963) und Raúl Cunca (1963). Diese Generation nahm die Breitfächerung der Wege des Designs in Portugal in die Hand, den Tumult in der Designerbranche und die neue Richtung des

José Viana (1960); Marco Sousa Santos (1962); Paulo Parra (1961); Pedro Silva Dias (1963) and Raúl Cunca (1963). It was this generation which was to diversify the paths that were to be followed by design in Portugal, reflecting and being influenced by the turmoil and new directions through which design has passed since the 1970s – especially Italian design.

ederico George + Daciano Costa. *ince Henry the Navigator* exhibition, etail), 1960

We do not, however, wish to imply that today's design in Portugal does not express this interconnection between generations that I have talked about, some of which are also represented in this exhibition: Duciano Costa (1930); Jorge Pacheco (1941); Jorge Alves (1952) and the contributions of certain architects, as is demonstrated by some of the objects that are included in the exhibition. It is this interconnection between generations and the contribution of architects that will allow us to find some of the most important landmarks in the recent history of Portuguese design.

There were other important events that marked the decades of the 1980s and 1990s. I shall now refer to two of these, more than ten years apart from each other: the *Design and Circumstance* Exhibition in 1982 and the Lisbon 94 Design Exhibition in 1994.

In the opinion of its organisers (the Portuguese Association of Designers), the *Design and Circumstance* Exhibition set out "to explain some mottoes suggested by the first Exhibitions of Portuguese Design, as it is (again in the opinion of its organisers) a relatively conformist event, in which are

Designs seit den siebziger Jahren reflektierend und gleichzeitig von ihr beeinflusst – vor allem vom italienischen Design.

Wie dem auch sei, möchten wir hier nicht behaupten, dass das heutige Design in Portugal nicht diese Wechselwirkungen zwischen den Generationen ausdrückt, von der wir schon sprachen. Einige der Designer der älteren Generation sind auch auf dieser Ausstellung vertreten: Daciano Costa (1930), Jorge Pacheco (1941), Jorge Alves (1952), sowie die Beiträge bestimmter Architekten, dargestellt durch einige in die Ausstellung aufgenommene Objekte. Diese Beziehung zwischen den Generationen und der Beitrag von Architekten ermöglichen uns, die bedeutendsten Aspekte der neueren Geschichte des portugiesischen Designs zu erkennen.

Auch andere bedeutende Ereignisse prägten die achtziger und die neunziger Jahre. Zwei davon sollen hier gesondert hervorgehoben werden; zwei Ereignisse die mehr als zehn Jahre auseinanderliegen: die Designausstellung von 1982 und die Lissabon 94-Ausstellung für Design im Jahre 1994.

Nach Meinung der Organisatoren (der Portugiesische Designerverband) versuchte die Designausstellung 1982„einige Motti der ersten portugiesischen Designausstellungen zu veranschaulichen, in dem Sinne dass, (so die Meinung der Organisatoren) es sich um relativ konformistische Veranstaltungen handelte, in denen einige der Übungen vorgestellt werden, mit denen sich die Designer zufriedengeben mussten, um ihren Lebensunterhalt verdienen zu können."

presented some of the exercises that designers have had to content themselves with in order to ensure their survival." This exhibition marks the end of what we consider to be the first period of Portuguese design.

Under the auspices of Lisbon European Capital of Culture, the Lisbon 94 Design Exhibition took place at the recently opened Belém Cultural Centre (the architectural project of which was prepared by Vítor Gregotti and Manuel Salgado with the design of the furniture being studied by Daciano Costa). It was a controversial exhibition which, in claiming to bear witness to what was being done in Portugal, did no more than exhibit the work of professional designers working in Lisbon, to the exclusion of all those working elsewhere in the country, particularly in Porto. Unlike the earlier exhibitions of 1971, 1973 and 1982, it did not provide an exact, all-inclusive perspective of the different trends in the design that was to be found in Portugal in 1994. At the same time (and again contrary to what was the case in 1973 and 1982) the absence of any texts of a theoretical nature or any historical analysis which might help to place the exhibition in its actual context meant that the catalogue did not fulfil its function of providing a register or memory of the exhibition.

A great deal has been said about design in recent years. In Portugal (and more precisely since the 1980s), the word has become a commonplace, having entered into the public

Diese Ausstellung kann als das Ende von dem angesehen werden, was wir als die erste Periode des portugiesischen Designs bezeichnen.

Unter der Schirmherrschaft von *Lissabon Europäische Kulturhauptstadt*, fand die Lissabon 94-Ausstellung für Design in dem kurz davor neu eröffneten Kulturzentrum von Belém statt (dessen Projekt von Vittorio Gregotti und Manuel Salgado stammt, während das Design der Innenausstattung von Daciano Costa ist). Es war eine kontroverse Ausstellung, denn, angeblich als Zeugnis dessen, was in Portugal gemacht wurde konzipiert, beschränkte sie sich darauf, die Arbeiten von Designern aus Lissabon auszustellen und schloss all jene aus, die woanders arbeiteten, vor allem die Designer aus Porto. Anders als die vorherigen Ausstellungen von 1971, 1973 und 1982 bot diese keine allumfassende Perspektive der unterschiedlichen Designtrends, die 1994 in Portugal zu finden waren. Gleichzeitig (und im Gegensatz zu 1973 und 1982) fehlte im Katalog jeglicher theoretischer Text oder jede historische Analyse, die eine Bestimmung der Ausstellung in ihrem aktuellen Kontext ermöglichen könnten, so dass der Katalog der Funktion als Reminiszenz und Erinnerung an die Ausstellung nicht gerecht werden konnte.

Vieles wurde in den letzten Jahren über Design gesagt. In Portugal (vor allem seit den achtziger Jahren) wurde das Wort zum Allgemeinplatz, es ist sozusagen in aller Munde, was allerdings nicht bedeutet, dass das Konzept Design verstanden worden wäre. Und es ist diese „unverständliche" Schwierigkeit,

domain, without this necessarily meaning that its concept has been understood. And it is in this "understandable" difficulty in completely understanding what design is that may be found one of the essential problems, at least from the theoretical point of view, for the development of an activity which is beginning now to have a large number of professionals, who have come from the different courses currently on offer.

It is, therefore essential, that, in addition to the firmly established and unquestionable areas of industrial design and graphic design, we should begin to create other areas which can be included within the designer's field of intervention and which underline the multidisciplinary nature of this activity. Such a statement is based on the difficulties in creating clear objectives that will enable us to understand in which direction the discipline is headed as an autonomous professional activity, in view of the fact that today in Portugal, and not only in Portugal, the word design is linked to professions which are somewhat removed from the concept of design as applied to a clearly defined activity.

If discussing and reflecting upon the problems of design is important, because "... industrial, technological, or scientific, or even artistic or philosophical, creation is always a variable of a complex social function," (Serrão, 1978), then it is no less important to bear in mind the path along which we have travelled and where we have found many positive events.

ein absolutes Verständnis von dem, was Design ist, zu erreichen, die vielleicht als eines der wesentlichen Probleme gelten kann, zumindest vom theoretischen Standpunkt, der Entwicklung einer Tätigkeit, die nun beginnt, von einer grossen Anzahl von Profis ausgeübt zu werden, die Absolventen der verschiedenen nun zugänglichen Studiengänge sind.

Deshalb ist es absolut nötig, dass zusätzlich zu den schon etablierten und fest verankerten Bereichen des industriellen Designs und des Graphikdesigns, nun neue Bereiche geschaffen werden, die in das Tätigkeitsfeld des Designers integriert werden könnten und die die multidisziplinären Eigenschaften dieser Tätigkeit unterstreichen würden. Diese Behauptung basiert auf den Schwierigkeiten, klare Ziele zu schaffen, die uns ermöglichen, zu verstehen, in welche Richtung sich diese Disziplin als eine selbständige professionelle Tätigkeit bewegt, die Tatsache berücksichtigend, dass heutzutage in Portugal, und nicht nur in Portugal, das Wort Design auch zu Berufen in Beziehung steht, die sich in gewisser Weise vom Konzept des Designs, wie es für eine klar definierte Tätigkeit gilt, entfernt haben.

Wenn die Diskussion und Reflektion über Probleme des Designs wichtig ist, weil „... das industrielle, technologische, oder wissenschaftliche, bzw. sogar künstlerische oder philosophische Schaffen immer eine Variable einer komplexen sozialen Funktion darstellen", (Serrão, 1978) so ist es nicht minder wichtig, die Pfade im Gedächtnis zu behalten, auf denen wir uns bewegt haben, und auf denen wir viele positive Erlebnisse hatten.

Bibliography | Literaturangaben

ALMEIDA, Pedro Vieira de | *Raúl Lino, Arquitecto Moderno*. Catalogue of the exhibition "Raúl Lino – a Retrospective Exhibition of his work", Lisbon, Fundação Calouste Gulbenkian, 1970, p. 5-27.

COSTA, Daciano | *Interview (given to the magazine) Arquitectura*, Lisbon, No. 129, 1974, p. 4-11.

MALDONADO, Tomas | *Disegno industriale: un riesame*. Milan, Feltrinelli, 1991.

MANAÇAS, Vítor | *O Design em Portugal*. Proceedings of the "First National Seminar on Design", Leiria, 1986, p. A1-A8.

PORTAS, Nuno | *Estudo sobre a Evolução da Arquitectura Moderna em Portugal* in História da Arquitectura Moderna by Bruno Zevi, Lisbon, Arcádia, 1973, 2nd Vol., pp. 688-745.

Duas ou Três Considerações "pessimistas" sobre o Designer e os seus produtos. Catalogue of the "Second Exhibition of Portuguese Design", Lisbon INII, 1973.

SANTOS, Américo Ramos dos | *Portugal Contemporâneo*, Vol. 5, Lisbon, Publicações Alfa, 1990, p. 109-150.

SERRÃO, Joel, Gabriela Martins | *Da Indústria Portuguesa, do Antigo Regime ao Capitalismo*. Lisbon, Livros Horizonte, 1978.

Raster und Pfade

Wenn das jüngste portugiesische Design durch einen einzigen Gegenstand charakterisiert werden müsste, würde man den rechteckigen Tisch von Eduardo Souto Moura wählen: eine Spiegelglasplatte, die von einem Stahlrahmen getragen wird, drei geradeaus gerichtete viereckige röhrenförmige Beine und das vierte aus geschnitztem Holz im Stile des 18. Jahrhunderts, wie ein künstliches Glied mit einer Stahlmuffenverbindung an der Tischplatte befestigt. Mit einem Fuss in der Vergangenheit, aber paradoxerweise ist er der einzige Bestandteil, der industriell aus einheimischem Holz hergestellt wurde; alles übrige wurde individuell aus eingeführten Rohstoffen angefertigt.

Um das heutige portugiesische Design zu situieren, muss man deshalb zunächst einmal in die Vergangenheit zurückgehen.

Das Lissabonner Erdbeben wird als Auftakt des modernen Zeitalters angesehen, da sich die Gesellschaft damals schon auf einem derartigen Entwicklungsstand befand, dass man erkannte, dass die Ursache der Katastrophe nicht so sehr in dem möglicherweise sündhaften Verhalten der Bürger, sondern vielmehr in den geologischen Gegebenheiten zu suchen war. Ein weiteres Anzeichen ist die zuversichtliche Art, wie der grösste Premierminister Portugals, der Marquis de Pombal, den Wiederaufbau Lissabons in Angriff nahm, nachdem man 'die Toten begraben und den Lebenden geholfen hatte',indem er die neuen Wissenschaften und eine Design-Philosophie

Grids ~ and pathways

Robin Fior

If recent Portuguese design had to be illustrated by a single object, one would choose this rectangular table by Eduardo Souto Moura: a plate glass top supported on a steel frame, three straightforward square-section tubular legs, and the fourth, in XVIIIth century-style carved wood, attached to the top by a steel spigot like a prosthesis. One foot in the past, but paradoxically, the only component industrially produced of local timber, the rest being individually fabricated from imported raw materials.

Therefore to situate Portuguese design today, we have first to examine its past.

The Lisbon earthquake of 1755 is considered to have ushered in the modern age by establishing an educated consensus that the earthquake's cause was not so much

anwandte,die ihrer Zeit weit voraus waren. Das Programm, das von Militäringenieuren ausgearbeitet worden war, beinhaltete einen rationalistischen, rechtwinkligen schachbrettartigen Plan, etwa sieben in Wechselbeziehung stehende Gebäudearten mit antiseismischer Bauweise, Modulhöhen vom Fussboden bis zur Decke und standardisierte Stein- und Holzbauelemente – vorschriftsmässig gezeichnet und spezifiziert –, welche von Steinbrüchen, Sägemühlen und Werkstätten aus dem gesamten Land stammten.

Die Strategie Pombals, ein Rationalist und Nationalist, hatte – nach dem Vorbild Colberts im 17. Jahrhundert in Frankreich – auch die Förderung der Industrie des Landes zum Ziel – Textilien, Papier, Druck, Keramik, Glas und Portwein, u.a. – und motivierte dazu, die Abhängigkeit des Landes von Einfuhren zu verringern, auch wenn für den Aufbau und die organisatorische Leitung auf ausländische Unternehmer und Handwerker zurückgegriffen werden musste.

Eine Reihe von tragischen Zwischenfällen im Verlaufe des in Portugal 'lange währenden 19. Jahrhunderts' verhinderte jedoch, dass diese Erwartungen erfüllt wurden: Der vorzeitige Tod des Kronprinzen 1788, dem eine erlesene Erziehung zuteil worden war, und des forschrittlichen jungen Königs Pedro V., eines Neffen von Prinz Albert von Sachsen-Coburg und Gotha, dem Gemahl der Königin Victoria, im Jahre 1861, die Invasionen und Plünderungen der Napoleonischen Kriege, gefolgt vom Bürgerkrieg und den Auseinandersetzungen zwischen Liberalen

the fault of the citizens' possibly sinful behaviour, but of geology. And modern too, was the confident way in which the king of Portugal's first minister, the Marquis de Pombal, having undertaken to 'bury the dead and look after the living', set about the rebuilding of Lisbon, by applying the new science and a design philosophy ahead of its time.

The programme, drawn up by military engineers, involved a rationalist, orthogonal, grid plan, a hierarchy of three basic interrelated building types (França, 1987) with anti-seismic structural elasticity, modular floor-to-ceiling heights and standardised stone and timber building components – duly drawn and specified – and obtained from quarries, sawmills and workshops throughout the country.

Pombal's strategy, rationalist and nationalist, included the promotion of national industries – textiles, paper, printing, ceramics, glass and port wine among them – on the model of Colbert in France a century before, and motivated like his to reduce the country's dependence on imports – though with recourse to foreign entrepreneurs and craftsmen to set up and run them.

A series of accidents during Portugal's 'long nineteenth century' prevented, however, this promise from being realised: the premature deaths of the carefully educated crown prince in 1788, and of the progressive young king, Pedro V, nephew of Prince Albert, (of Saxe-Coburg-Gotha) consort of Queen Victoria, in 1861; the French invasions and

und Konservativen und, um den Verlust Brasiliens auszugleichen, der Aufbau eines afrikanischen Kolonialreiches, welches schliesslich das Mutterland kolonisierte. Das Zusammenspiel all dieser Ereignisse verhinderte das Entstehen einer selbstsicheren unternehmerischen Mittelschicht mit eigener Prägung.

Natürlich gab es einzelne positive Initiativen. Angespornt durch einem Wettbewerbsgeist und als Antwort auf die Weltausstellung von 1851 berichtete ein Beamter der portugiesischen Staatsdruckerei von einer Studienreise nach England, Frankreich und Belgien (Ribeiro, 1912), von der er eine Reihe wohldurchdachter Modernisierungsvorhaben mitbrachte, einschliesslich der Einführung des Didot-Systems als Typenmasseinheit und die Wahl eines 8-Punkte Gevierte (~3mm) als typographisches Modul, welches noch 100 Jahre nach seiner Einführung in Lissabon als internationale Norm (ISO) zur Diskussion stand, jedoch ohne Erfolg.

Ende des Jahrhunderts erschien eine Persönlichkeit, welche in manchem Parallelen zu William Morris in England aufwies. Der 10 Jahre jüngere Raphael Bordalo Pinheiro, ein liberaler politischer Cartoonist und graphischer Künstler, gründete 1884 eine Keramikwerkstatt (welche heute seinen Namen trägt) mit dem Ziel, den Geschmack durch die Einführung der Kunst in die Industrie von Grund auf zu verändern, und zwar im Rahmen eines Projektes, das ein fortschrittliches soziales Bewusstsein zum Ausdruck brachte. Der Grossteil der Arbeiten bestand aus

pillage of the Peninsular War, followed by civil war and disputes between liberals and reactionaries; and to compensate for the loss of Brazil, the acquisition of an African Empire which came to colonise the mother country.

All these combined to prevent the emergence of a self-confident entrepreneurial middle class with its own distinctive culture.

There were, of course, isolated positive initiatives. Spurred by competition and in response to the Great Exhibition of 1851, an official of the National Printing House, reported from a visit to study printing in England, France and Belgium (Ribeiro, 1912), with a clutch of well-considered proposals of modernisation, including the adoption of the Didot system of type measurement, and the choice of an 8 point (~3mm) *em* as the typographic module, which was still being argued for as the international (ISO) norm, and without success, 100 years after it had been adopted in Lisbon.

At the end of the century, a figure emerged who in some respects parallels William Morris in England. Ten years his junior, Raphael Bordalo Pinheiro, a liberal political cartoonist and graphic artist, founded a pottery in 1884 (which now bears his name) with the aim of provoking a revolution in taste by introducing art into industry, and within a project of advanced social awareness. Much of the work consisted of florid showpieces of virtuoso craftsmanship to promote the technical competence of the factory; the showpiece emerges

überladenen Ausstellungsstücken vollendeter Handwerkskunst zur Förderung der Leistungsfähigkeit der Fabrik. Das Ausstellungsstück erscheint als bedeutendes *Genre* überall in der angewandten Kunst in Europa in der Zeit der internationalen Ausstellungen, die veranstaltet wurden, um die Jahrhundertwende vorzubereiten oder feierlich zu begehen. Die Fabrik stellte jedoch auch Kacheln mit Reliefmuster nach spanisch-maurischer Tradition, aber mit Jugendstilcharakter her, die zur Ausgestaltung von Bäckereien und Lebensmittelgeschäften dienten, und ein *Arts & Crafts*-Alphabet zum Ausschildern, welches in vereinfachter Form von der portugiesischen Eisenbahn übernommen wurde, wo es noch heute in Bahnhöfen im Landesinneren zu finden ist.

Fabrik Bordalo Pinheiro. Eisenbahnau schilderungsalphabet

Die *Fábrica das Faianças de Caldas da Rainha* wurde im königlichen Heilbad 80 km nördlich von Lissabon aufgebaut, mitten in einem Gebiet, in dem ausgezeichnete Tonlagerstätten vorhanden sind. Das Zusammenspiel beider Voraussetzungen, also ausreichend vorhandener Rohstoff und eine potentielle Kundschaft, hätte eigentlich den Erfolg sichern müssen. Bordalo Pinheiro verfügte jedoch weder über Morris' ausgeprägte Geschäftstüchtigkeit (França, 1982), noch verwirklichte – was nicht weniger wichtig war – der potentielle Markt die vielversprechenden Aussichten.

Die Öffnung der alten Aristokratie zur Erschliessung neuer Geldquellen, was in Europa in dieser Zeit keineswegs ungewöhnlich war und durch den Verkauf von Titeln

Bordalo Pinheiro Factory. Railway lettering, c.1905

as a significant genre across the applied arts in Europe in the period of international exhibitions held to prepare or celebrate the turn of the twentieth century. The factory did, however, also produce relief moulded azulejos, in the hispano-moorish tradition but Jugendstil in inspiration, for decorative use in bakeries and groceries and an Arts & Crafts alphabet for signing, which was adopted in simplified form for the railway system, where they still can be seen on country stations.

The Fábrica das Faianças de Caldas da Rainha was established at the royal spa 80 km north of Lisbon, in the centre of excellent clay deposits.. In principle, this combination of both ample raw material and an available potential clientele, should have ensured success.; Bordalo Pinheiro did not, however, possess Morris' shrewd business sense (França,1982), nor, no less importantly, did the potential market realize its promise.

The permeability of the old aristocracy to new money, in no way unusual in the Europe at this time, sanctioned by the sale of titles to top up the royal coffers, served to reinforce the dominant Belle Époque taste. Change was slow, but Raúl Lino (1879-1974) an architect trained at the Handwerker und Kunstgewerbeschule in Hanover designed impressively simplified furniture for a bachelor's room in a private house in 1904, but he was gradually drawn to more picturesque solutions by commissions for book illustration and scenography, where Bayreuth was an acknowledged influence. His architec-

sanktioniert wurde, um die königlichen Kassen aufzufüllen, hatte den Aufschwung des vorherrschenden *Belle-Époque*-Geschmacks zur Folge. Die Veränderungen gingen langsam vonstatten, aber Raúl Lino (1879-1974), ein Architekt mit Ausbildung an der Handwerker-und Kunstgewerbeschule in Hannover, zeichnete 1904 beeindruckend vereinfachte Möbel für ein Junggesellenzimmer in einem Privathaus; er wurde jedoch allmählich durch Aufträge für Buchillustrationen und Bühnenbilder zu malerischeren Lösungen hingezogen, bei denen Bayreuth einen unverkennbaren Einfluss ausübte. Sein architektonisches Repertoire war in seinen besten Werken tief in dem schlichten Architekturstil des 16. und 17. Jahrhunderts (Kubler, 1972) verwurzelt: grosse Flächen mit roh verputztem Mauerwerk, verbunden durch behauenem Stein mit Tiefreliefornamenten. Seine ausdrucksloseste Arbeit war ein Denkmal für Prinz Heinrich dem Seefahrer von 1934, das abgelehnt wurde und welches Lino als sein bestes Werk ansah, bei dem ein recht gut gestalteter Sockel von einem riesigen Spitzbogen überspannt wurde, welches nichts mit den Strukturforschungen von Viollet-le-Duc zu tun hatte, sondern viel mehr mit einer romantischen Vorstellung von 'Gebet, welches in Form von Stein aufwärts strebt'.

Ein anderer autodidaktischer Architekt, der Protographikdesigner und/oder graphische Unternehmer, José Pacheko (1885-1934) – das 'k' in seinem Namen anstatt des portugiesischen 'c' stellt eine futuristische Schreibweise dar –

Raúl Lino. Kommode, 19(

Raúl Lino. Denkmal für Heinrich dem Seefahrer, Entwurf, 1934

Raúl Lino. Chest of drawers, 1902

tural repertoire was at its best rooted in Portuguese 'plain style' (Kubler, 1972) architecture of the sixteenth and seventeenth centuries: large areas of rendered masonry articulated by structural stonework expressed in bas-relief ornament; at its most vacuous in a rejected monument of 1934, to Prince Henry the Navigator, and which Lino considered his best work – where a reasonably well modelled base is surmounted by an enormous ogival arch, which owes nothing to the structural researches of Viollet-le-Duc, and much to romantic notions of 'prayer reaching upwards in stone'.

Another architect by training, the proto graphic designer and/or graphic entrepreneur, José Pacheko (1885-1934) – the 'k' instead of a 'c', being a futurist spelling – was responsible for the principal literary-artistic magazines, *Orpheu*, (1915) and *Contemporânea*, (1922-26) and with which the poet Fernando Pessoa was associated. It is really no accident that the single issue of *Portugal Futurista* of 1917 should coincide with and celebrate the arrival in Lisbon of Diaghilev and his *Ballets russes*, long considered as models of (symbolist) content and quality by the Portuguese avant garde, and who inspired the best graphic work of the decade 1915-1925.

Raúl Lino. Monument to Henry the Navigator, project, 1934

The monarchy fell in 1910. The court crafts naturally suffered a considerable setback, aggravated by the Republic's decision to enter the First World War on the Allied side, in order to damp down working-class restlessness at home and gain a seat at the negotiating table to protect colonies in

war für die wichtigsten literarisch-künstlerischen Zeitschriften *Orpheu* (1915) und *Contemporânea* (1922-26) verantwortlich und arbeitete mit dem Dichter Fernando Pessoa zusammen. Es ist kein Zufall, dass die einzige Ausgabe von *Portugal Futurista* im Jahre 1917 mit der Ankunft von Diaghilev und seinem *Ballets russes* zusammentraf und diese damit gefeiert wurde. Schon seit langem wurden sie von der portugiesischen Avantgarde als Vorbilder des (symbolistischen) Wesens und der Qualität angesehen und haben dadurch die besten graphischen Arbeiten in der Zeit zwischen 1915 und 1925 inspiriert.

Carlo Bugatti (zugeschr.), Silberbesteck

1910 fiel die Monarchie. Dadurch erlitt das Handwerk am Hofe unweigerlich einen beachtlichen Rückschlag, was sich noch zuspitzt als die Republik beschloss, 1917 auf Seiten der Allierten in den 1. Weltkrieg einzutreten, um die nervöse Unruhe der Arbeiterklasse im Inland zu drosseln und um sich einen Platz am Verhandlungstisch zur Verteidigung der Kolonien in Afrika zu sichern. In demselben Jahr schuf jedoch Leitão, der ehemalige Hofjuwelier in Zusammenarbeit mit Carlo Bugatti eine Tafelsilbergarnitur mit transitional- funktionalistischem Design, welche jahrelang in kleinen Mengen hergestellt wurde, aber ohne dass dadurch irgendeine sichtbare Wirkung auf den modernen Geschmack (i.e. *Art deco*) zu verzeichnen gewesen wäre. Die bereits seit langem bestehende Porzellanmanufaktur *Vista Alegre* feierte ihr 100 jähriges Jubiläum mit der Vergabe von Aufträgen für modernes Design, aber wenn diese auch bis in die vierziger Jahre in der Produktion verblieben, trug das

Carlo Bugatti (attrib.), Silver cutlery c.1917

Africa. However, in this same year, Leitão, the former Court Jewellers, produced a set of silver cutlery of transitional-functionalist design, with the collaboration of Carlo Bugatti, and which was produced in small quantities over the years without resulting in any discernible effect on advanced (i.e. art déco) taste,. The long-established porcelain factory Vista Alegre, (founded 1824) celebrated its centenary by commissioning some modern designs but although they remained in production into the 40s, lack of positive response from the market contributed to a rather unadventurous policy until today.

Political instability in the post-war period had resulted in a coup d'état which brought Professor Oliveira Salazar in 1926 to power on the promise that he would put the country's finances in order. This he did, with the help of authoritarian measures, and just enough nationalist-clerical-reactionary ideology to keep political life ticking over, for some 40 years. For the first half of this period he was helped by his propaganda chief, Antonio Ferro, a modernist writer influenced by Italian fascist political culture. Grafting this culture onto a predominantly pre-industrial society at the edge of Europe, not unsurprisingly, proved difficult. It is not enough to compare ('unfairly') the monumental , antiquated Xth anniversary exhibition of the National Revolution in Lisbon in 1936 with its dynamic, and influential predecessor in Rome of four years before, in which some of the most

fehlende Echo seitens des Marktes zu einer Politik ohne rechten Unternehmergeist bei, die bis zum heutigen Tag fortdauert.

Mangelnde politische Stabilität in der Nachkriegszeit hatte einen Staatsstreich zur Folge, durch welchen Prof. Oliveira Salazar 1926 mit dem Versprechen an die Macht kam, die Finanzen des Landes in Ordnung zu bringen. Und das tat er auch, aber mit Hilfe autoritärer Massnahmen und gerade so viel nationalistischer, klerikaler und reaktionärer Ideologie wie nötig war, um das politische Leben etwa vierzig Jahre lang leerlaufen zu lassen. In der ersten Hälfte dieses Zeitabschnittes stand ihm sein Propagandachef António Ferro zur Seite, ein modernistischer Schriftsteller, der von der italienischen faschistischen politischen Bildung beeinflusst war. Diese Bildung in eine vorindustrielle Gesellschaft am äussersten Ende Europas zu verpflanzen, erwies sich als schwierig, was im Grunde keine Überraschung darstellte. Es genügt nicht, (unfairerweise) die monumentale, veraltete Bekundung zum 10. Jahrestag der Nationalen Revolution 1936 in Lissabon mit der dynamischen und einflussreichen Vorläuferin vier Jahre vorher in Rom zu vergleichen, bei der einige der bedeutendsten italienischen Künstler (und künftige Designer) und Architekten äusserst ehrgeizige futuristische oder konstruktivistische Projekte zeigten: Terragni, Nizzoli, Sironi.

Fred Kradolfer, Ausstellungsprospekt

1933 wurde der Gründungskongress der Partei Salazars *União Nacional* von einer Ausstellung begleitet, die von Fred Kradolfer (1903-68), einem vor etwa sechs Jahren

important Italian architects and artists (and future designers), Terragni, Nizzoli, Sironi, presented extremely ambitious futurist or constructivist solutions.

For in 1933, the founding congress of Salazar's National Union (UN) party was accompanied by an exhibition designed by Fred Kradolfer (1903-68), a Swiss who had emigrated to Portugal some six years earlier (Santos, 1997). In its shrine-like centre, there was placed a black cube, like an Ark of the Covenant (?) – or strongbox – on which bar charts recorded economic progress, the bars being formed of metal tubes; texts skirt the base at knee level. The exhibition was recorded, the following year, in a futuro-constructivist propaganda album *Portugal 1934*, with photomontages displaying great competence, and printed rotogravure by Leitão de Barros, a polymath who acquired the necessary technical skills together with the equipment at the Albert factory in Frankenthal. The *raison d'être* for this publication, was the growth of a 'national syndicalist' movement to the populist right of the regime, and the UN – and probably also the anarcho-syndicalist surge which briefly was to take control of the glass town of Marinha Grande in that year. Both movements were quickly suppressed, and the need (or the market) for a revolutionary graphic design 'style' disappeared: so it faded). It should be added, though, that the skills were craft based, the Futura display lettering being often hand-painted – basically a one-off exhibition technique, which

Fred Kradolfer, Exhibition folder, (cover)

eingewanderten Schweizer, konzipiert war (Santos, 1997). In ihrem schreinartigen Mittelpunkt befand sich ein schwarzer Würfel, der wie eine Bundeslade – oder ein Tresor – aussah. Die Schaubilder an den Metallrohren erinnerten an den wirtschaftlichen Fortschritt, in Kniehöhe entfalteten sich Texte, die die Basis wie ein Mantel umhüllten. Dieser Ausstellung wurde im darauffolgenden Jahr in einem futuristischen Propagandaalbum *Portugal 1934* mit Fotomontagen gedacht, wobei grosses technisches Geschick entfaltet wurde. Es wurde von Leitão de Barros im Kupfertiefdruckverfahren gedruckt. Dieser war ein Universalgelehrter, welcher das notwendige fachliche Können mitsamt der Ausrüstung im Albert-Werk in Frankenthal erworben hatte. Die Daseinsberechtigung für die Veröffentlichung war die Zunahme einer 'nationalsyndikalistischen' Bewegung gegen die populistische Rechte des Regimes und die *União Nacional,* und wahrscheinlich auch die Anarchosyndikalisten gerieten in Bewegung, welche in diesem Jahr – um es kurz zu fassen – drauf und dran waren, die Glasindustriestadt Marinha Grande unter Kontrolle zu bekommen. Beide Bewegungen wurden schnell unterdrückt und das Bedürfnis (oder der Markt) an revolutionärem Graphikdesign-'Stil' verschwand langsam: es wurde einfach abgedrosselt. Hinzu kam jedoch, dass sich die Sachkenntnisse auf das Handwerk beschränkten: die *Futura*-Beschriftung der Auslagen war handgemalt – handelte es sich um eine exklusive Ausstellungstechnik, die eine Tendenz zu

Fred Kradolfer, Ausstellung der *União Nacional* (Detail), 1933

Fred Kradolfer, *União Nacional* exhibition (detail), 1933

tended towards decorative effects like filling the space rather than articulating the message, and the statistical diagrams were misleading as much through ignorance as intention.

Only tentative movements towards visual poetry, where the author could brave the conventions of public discourse and the printers' guild-resistance were to provide the window of opportunity for a designed typography – and this window was as narrow as the arrow-slits in the battlements which were a strong feature of the iconography of the 1940 Exhibition of the Portuguese World, held as planned (originally as a World Exhibition in Portugal), ignoring the fact that Europe was at war.

This Exhibition, together with the New York World's Fair the year before and the Paris Exhibition of 1937, provided a training ground for a group of 'decorators' (proto-designers), led by Kradolfer, to develop their skills and exemplify the superior effectiveness of coherent strategy over piecemeal contributions. The formal content of the exhibitions was the international style, more or less attenuated by national characteristics, and was recognised as such by Ferro; it has served as a powerful formula, with ideological adjustment, since then.

Salazar's corporativism, once the national accounts had been balanced, did allow for social investments, and the anti-tuberculosis campaign and preventive health programs in central Portugal, 1929-36 provided a public client for the production of tubular steel furniture on an industrial scale

dekorativen Effekten hatte, wie z.B. das Ausfüllen des Raumes anstatt die Verdeutlichung der Botschaft, und die statistischen Übersichten waren sowohl durch Unwissenheit als auch durch ihre Absicht irreführend.

Nur Experimentalbewegungen hin zu einer visuellen Poesie, wo der Autor die Konventionen des öffentlichen Diskurses und den Widerstand der Druckergilde herausfordern konnte, sollten dafür Sorge tragen, dass sich das Fenster der günstigen Gelegenheit für eine Buchdruckerkunst mit Design öffnete – aber dieses Fenster war so schmal wie die Schiesscharten in den Festungsmauern –, eine triftige Charakterisierung der graphischen Darstellungen der Ausstellung der Portugiesischen Welt von 1940, welche planmässig durchgeführt wurde (ursprünglich war sie als Weltausstellung in Portugal gedacht), wobei die Tatsache, dass sich Europa im Krieg befand, ganz und gar ausser acht gelassen wurde.

Ferraria Franco-Portuguesa. Café table, c. 1939

Diese Ausstellung bot zusammen mit der Weltausstellung von New York, 1939, und der Pariser Weltausstellung von 1937 den Erfahrungshintergrund für eine Gruppe von 'Dekorateuren' (Protodesignern) mit Kradolfer an der Spitze, ihr Können weiterzuentwickeln und durch Beispiele die erhabene Wirksamkeit einer kohärenten Strategie gegenüber Stück-für-Stück-Beiträgen zu belegen. Der formale Inhalt der Ausstellung war eine mehr oder weniger abgeschwächte Form des Internationalen Stils mit nationalen Charakteristiken, die von Ferro als solche erkannt wurden und welche seit dieser Zeit mit

(Santos, 1995). While the hospital furniture appears to be very well finished, the designs were carefully copied from the catalogues of Deutsche Stahlmöbel of Berlin, by the Longra factory, (who were to commission a line of innovative office furniture from Daciano da Costa, in 1962). The result of this state endorsement was that other manufacturers quickly entered the market with models of tubular furniture typically domesticated by upholstery and fabrics and which show few signs of having understood the functionalist message. Among the one-off projects however, the chairs designed for the bar in Porto, *Portobar* (1934) adopt an angular, insect-like geometry which appears some fifty years later, in slightly Japanese disguise, in some chairs of Pedro Silva Dias.

While metal furniture was excluded from formal settings in the public domain, a vernacular using heavy castings or forging for tables and chairs for cafés,[1] had become widespread by the early '50s, coexisting with the work of those we can now call *designers* and characteristically lightweight. For though the word 'design' only enters the printed language at the end of the decade, its emergence as both practice and ideal coincides with Ferro's leaving the State Information Service (SNI), which he had set up, while leaving its cultural style – neo-imperial/*völkisch* – in place, to react against.

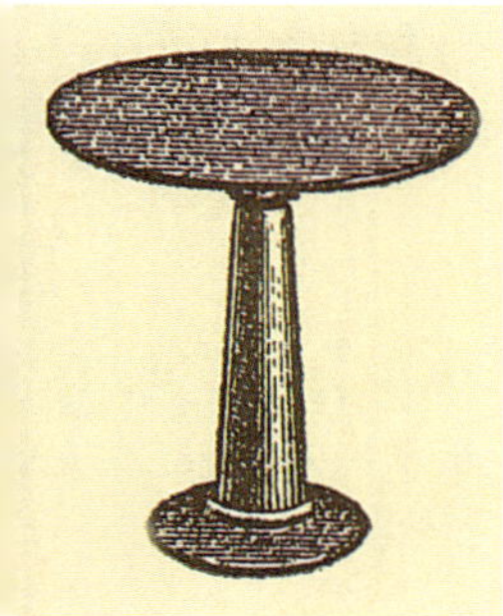

Ferraria Franco-Portuguesa. Kaffehaustisch, c. 1939

[1] Perhaps to provide reassurance for habitués who were obliged to share this hitherto male bastion with respectable ladies, following the popularization of esplanades by refugees from central Europe in the late 30s.

ideologischen Anpassungen als wirksame Formel dienten.

Salazars Korporativismus erlaubte, nachdem die Kostenutzenrechnung für das Land genau durchgeführt worden war, soziale Investitionen. Die Antituberkulosekampagne und das Gesundheitsprogramm in Mittelportugal (1929-36) verschafften der Rohrstahlmöbelproduktion auf industrieller Basis die öffentliche Hand als Kunden. Während die Krankenhausmöbel sehr gut gefertigt schienen, wurde das Design von der Fabrik *Longra* (wo 1962 ein innovatives Büromöbelprogramm von Daciano da Costa in Auftrag war) recht sorgfältig anhand von Katalogen der Deutschen Stahlmöbel von Berlin nachgebildet. Das Ergebnis dieses Staatsavals war, dass andere Fabrikanten schnell mit Rohrstahlmöbeln auf dem Markt erschienen, die durch Polsterung und Stoffbespannung an die typisch heimischen Gewohnheiten angepasst wurden, sodass sie wenig Anzeichen trugen, dass die Botschaft ihrer Funktion verstanden worden war. In bezug auf Sonderanfertigungen wurde z.B. bei den für eine Bar in Oporto – *Portobar 1934* – gezeichneten Stühlen eine winklige, insektenartige Geometrie gewählt, die etwa fünfzig Jahre später in leicht japanischer Verkleidung bei einigen Stühlen von Pedro Silva Dias wieder erschien.

Während Metallmöbel bei der formellen Einrichtung im öffentlichen Bereich nicht in Frage kamen, erschien eine volkstümliche Tendenz – bis in die frühen fünfziger Jahre –, für Cafétische und -stühle[1] schwere Gussformen zu benutzen. Diese

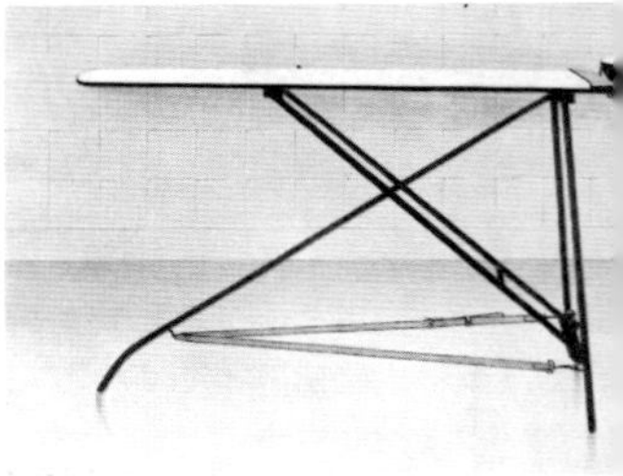

FCM-fabrik. Bügelbrett, emailliertess Rohr, Gusseisen, nickelierter Stahl u. Leder

FCM factory. Ironing board, enamelled tube, cast iron, nickelled steel and leather, c. 1938

In graphics, modern typography began to be developed by the painter and surrealist photographer, Fernando Lemos (1916-) before he emigrated to Brazil in 1954; it was not until c.1960 that Sebastião Rodrigues (1929-97) acquired sufficient technical knowledge to cross the guild barrier between art and printing and find a voice, based on command of texture and iconography, and a client (one among many, of course), the Calouste Gulbenkian Foundation, which, until after the revolution of 1974 increasingly took over from the SNI, the role of an unofficial arts ministry.

Looking back, it is the 60s that appear to be the golden years of Portuguese design. The opening-up of the economy – investment in basic industry, wood-pulp, steel and cement and above all, tourism and the hotel industry: here it brought a change of scale in the client base and a move from small-batch to serial production, with the equipping of hotels and villa developments, and demanded the production of domestic items in industrial quantities, especially in furniture, ceramics and textiles; a 4- or 5-star hotel required graphic material and visual identities over a range of techniques and supports, contributing to the adoption of offset litho and filmsetting technologies. What was lacking however was a retail market – and a retail marketing structure. The Chiado chain of small department stores in the main provincial towns had gradually been reduced to one in Lisbon, and large shopping malls and hypermarkets were only to be

Formen koexistierten mit den Werken derjenigen, die man jetzt als *Designer* bezeichnet, und die ganz besonders leichtgewichtig waren. Auch wenn das Wort 'Design' erst am Ende des Jahrzehnts in die gedruckte Sprache eingeht, trifft sein Erscheinen sowohl praktisch als auch ideell mit dem Rücktritt Ferros vom Staatlichen Informationsdienst – SNI – zusammen, welchen er ins Leben gerufen hatte, während er seinen neo-imperialistischen, völkischen Bildungstil als Gegenreaktion hinterliess.[1]

Im graphischen Bereich begann der Maler und surrealistische Photograph Fernando Lemos (geb. 1916) vor seiner Auswanderung nach Brasilien die moderne Buchdruckerkunst zu entwickeln. Erst 1960 erwarb Sebastião Rodrigues (1929-97) die notwendigen Fachkenntnisse, um die Innungsbarriere zwischen Kunst und Buchdruck zu durchbrechen und eine Stimme, die sich auf das Gebot von Gefüge und bildnerischer Gestaltung gründete, und einen Kunden (natürlich einen unter vielen) – die Stiftung Calouste Gulbenkian – zu finden, welcher nach der Revolution von 1974 allmählich vom SNI gewissermassen die Rolle eines inoffiziellen Kunstministeriums übernahm.

Im Rückblick scheinen die sechziger Jahre die goldenen Jahre des portugiesischen Designs zu sein; die Öffnung der

[1] Vielleicht zur Beruhigung Stammgäste, welche diese bisherige Männerbastion mit respektablen Damen teilen mussten, eine Folge der Einführung von Strassenscafés Ende der dreissiger Jahre durch Flüchtlinge aus Zentraleuropa.

introduced in the middle 1980s.

Conceptually, it was helpful that designers had few doubts as to the path to be taken. Design as a humane rationalism could be seen as an almost 'apolitical' critique of the regime; the economic rowth of the 60s coincided with nationalist revolt in the main African colonies, and the resulting colonial war was widely seen in the arts community as ugly and stupid , against which the design values of beauty and reason were self-evident truths.

On the other hand design was visibly and stylistically different from the more-or-less 'socialist' realism that the leading political opposition, the clandestine Communist Party, demanded of engagés artists and writers; and for almost all the designers and architects the question of meaning hardly existed, since they continued to believe, with Le Corbusier, that 'the styles are a lie', and in a kind of (paradoxical) inevitability of progress, in spite of the intervening brutalities of the previous 30 years. Hence, the question of meaning as a function of an object was ignored, and as a result, the events of May 1968 went quite unnoticed for what they implied for design.

However in 1969, Álvaro Siza returned to Porto from a visit to Barcelona with the news that everyone had gone crazy over Venturi and Scott Brown's *Complexity and Contradiction in Architecture* (Tavares, 1985). The resulting shift in sensibility among the Porto 'school' of architects

Wirtschaft – Investierungen in der Grundstoffindustrie, Zellulose, Stahl und Zement, aber vor allem im Fremdenverkehr und im Hotelgewerbe – brachten tiefgreifende Veränderungen bezüglich der Ausgangskundschaft und einen Übergang von der Kleinproduktion zur Serienproduktion durch die Ausstattung von Hotels und Ferienhaussiedlungen: Herstellung von Haushaltsgegenständen in industriellen Mengen, insbesondere von Möbeln, Keramikwaren und Textilien, während eine Reihe von graphischem Material, das für 4- oder 5-Sterne-Hotels notwendig war und visuelle Einheiten bezüglich einer Reihe von Techniken und Hilfsmitteln verlangte, zur Einführung von Photooffsetverfahren und Filmsetztechnologien beitrug. Was jedoch immer noch fehlte, war ein Einzelhandel und eine Einzelhandelsstruktur. Die *Chiado*-Kette mit kleinen Kaufhäusern in den wichtigsten Provinzstädten wurde langsam zu einem einzigen in Lissabon reduziert. Grosse Geschäftsstrassen und Einkaufszentren wurden erst Mitte der achtziger Jahre eingeführt.

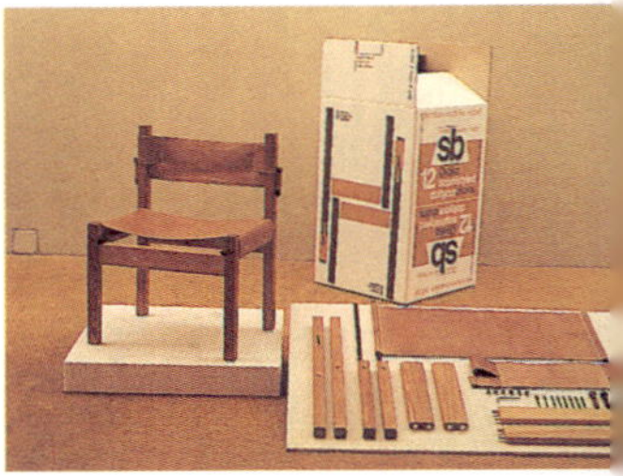

António Garcia. Stuhl *Osaka-70*, zerlegbar, 1969

Von der Konzeption her war es nützlich, dass die Designer in bezug auf den einzuschlagenden Weg einige Zweifel hatten. Design als humaner Rationalismus könnte fast als 'apolitische' Kritik des Regimes angesehen werden. Die wirtschaftliche Entwicklung traf zeitlich mit den nationalistischen Aufständen in den wichtigsten afrikanischen Kolonien zusammen, und der dadurch entstandene Kolonialkrieg wurde im grossen und ganzen in den Künstlerkreisen als widerwärtig und stumpfsinnig

António Garcia. *Osaka-70* kd chair, 1969

provoked a revision and reconstruction of their modernist ideology and practice, in the way that tangible local meanings were incorporated into their work, later characterised by Kenneth Frampton as 'critical regionalism'; this prepared them to encounter pathways through the political upheavals of 1974-75 while their graphic colleagues were enmeshed within their grids and style manuals.

The revolution of 1974, which brought the colonial war to an end and was to establish a parliamentary democracy, triggered a crisis of political and economic confidence abroad and of national identity at home. The Society of Portuguese Architects had already prepared and published an impressive survey of vernacular architecture in the previous decade, which had served not only as a record of a world that was passing, but also as a source for some architects of tourist developments in the Algarve and elsewhere, and now, for projects for reclaiming or substituting the shanty towns that ringed the main cities.

The most obvious sign of this crisis of identity, however, was the proliferation of political grafitti, murals and posters in the streets. It was as though the country had been allowed to speak, untramelled by censorship; but, having been deprived of freedom of expression for half a century, it had lost the capacity to express itself openly and effectively.

But it had not been only the official censorship that had kept people's thoughts in order. The instauration of the

betrachtet, wogegen die Werte des Designs – Schönheit und rationale Begründbarkeit- selbstverständliche Wahrheiten darstellten.

Andererseits unterschied sich das Design sichtbar und stilistisch vom mehr oder weniger 'sozialistischen Realismus', welchen die führende politische Opposition, die im Untergrund bestehende Kommunistische Partei, von den engagierten Künstlern und Schriftstellern verlangte, und für fast alle Designer und Architekten bestand kaum die Frage nach dem Sinn, solange sie weiterhin mit Le Corbusier daran glaubten, dass 'die Stile eine Lüge sind', und zwar in einer Art (paradoxer) Unvermeidbarkeit des Fortschritts, ungeachtet der brutalen Ereignisse, die 30 Jahre vorher zu beobachten waren. Deshalb wurde die Frage nach dem Sinn als Funktion eines Objektes ausser acht gelassen, und die Ereignisse im Mai 1968 blieben in bezug auf die Auswirkungen auf das Design völlig unbeachtet.

1969 kehrte Álvaro Siza von einem Besuch in Barcelona mit der Neuigkeit nach Oporto zurück, dass alle über das Werk *Complexity and Contradiction in Architecture* von Venturi und Scott Brown begeistert gewesen wären. Die sich daraus ergebende Veränderung bezüglich der Sensibilität in der Architekturschule von Porto hatte eine Überprüfung und ein Umdenken ihrer modernistischen Ideologie und Praxis in dem Masse zur Folge, dass die greifbaren örtlichen Bedeutungsmerkmale in ihre Arbeit aufgenommen wurden, was Kenneth Frampton später als 'kritischen Regionalismus'

Republic had proclaimed the substitution of the aristocracy of birth by an aristocracy of merit, and if the republican governments had promoted relatively liberal elementary education, the dictatorship limited schooling for the future 'hewers of wood and drawers of water' to what was thought the maximum necessary for them to fulfil those functions: basic reading, writing and arithmetic with history, geography and science reduced to lists to be learnt by rote. At the other end of the scale, in the universities, scholasticism set the tone for 'public instruction' as a whole: organized vertically to avoid the dangers of cross-fertilization. The educational institution could thus be seen as the social and political frontier defences of the stateholding class, although its peculiar structure could, for example, also permit the Porto Fine Arts faculty (which included the architecture school) to assume radical positions, which would not have been tolerated in an integrated system.

The reform of the educational system had begun before the Revolution, yet attempts to democratize access, while maintaining quality and modernizing content proved over-optimistic as to how long it would take. So when degree-level design courses were instituted in the late 70s, they were not only faced with a lack of resources – funding, experienced teachers, adequate workshops – but also deeply ingrained defensive attitudes which would require a generation to dissolve.

bezeichnete. Das befähigte sie, durch die politischen Umwälzungen von 1974-75 Pfade und Wege zu finden, während ihre Kollegen aus dem graphischen Bereich in ihren Rastern und Stilhandbüchern verstrickt waren.

Die Revolution von 1974, welche dem Kolonialkrieg ein Ende setzte und das Ziel hatte, eine parlamentarische Demokratie ins Leben zu rufen, löste eine politische und wirtschaftliche Krise aus, wodurch das Vertrauen im Ausland und die nationale Identität im Inland geschwächt waren. Der Portugiesische Architektenverband hat bereits einen eindrucksvollen Überblick über die typisch einheimische Architektur des vorigen Jahrzehnts vorbereitet und veröffentlicht, welcher nicht nur die Aufzeichnung eines vergangenen Zeitabschnittes war, sondern auch als Quelle für einige Architekten, die an Fremdenverkehrsprojekten in der Algarve arbeiteten, und gegenwärtig für Sanierungs- oder Umgestaltungsprojekte der Barackenviertel rings um die grossen Städte dient.

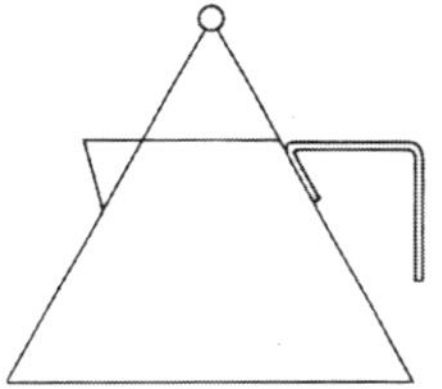

Aldo Rossi. Kessel, 1984

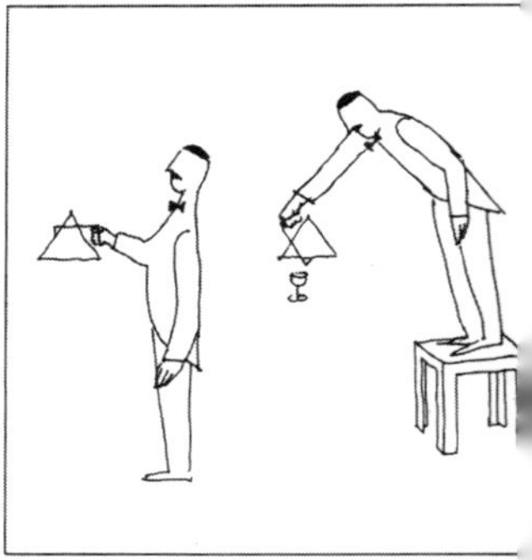

Otl Aicher. Zeichnung, 1987

Das deutlichste Zeichen dieser Identitätskrise waren jedoch die unzähligen politischen Grafitti, Wandmalereien und Poster in den Strassen. Es war als ob sich das Land endlich von den Fesseln der Zensur gelöst hätte, aber da es sich ein halbes Jahrhundert lang nicht hatte frei ausdrücken können, hatte es die Fähigkeit der freien und wirkungsvollen Meinungsäusserung verloren.

Aber es war nicht nur die offizielle Zensur, die die Gedan-

Aldo Rossi. Kettle, 1984

Otl Aicher. drawing, 1987

So it has proved difficult to create project-structured courses into which history and theory are integrated, (rather than a tedious imposition of academically valid facts-and-dates) – the principal contribution that design education can offer both the design student and the education system as a whole. For this reason the ICEP Young Designer Competition has been so necessary – and so fruitful – producing a substantial cohort of the younger designers represented here.

It was in the mid-80s that craft-based design began to be coveted by architects as a territory to be occupied where thay could express themselves as authors more cheaply than in building, and with results similar to those lampooned by Otl Aicher but which left those working in craft-based design and design-based crafts, – jewellery, silversmithing, cutlery – better equipped to find their way and hopefully, help the traditional industries to find theirs.

In graphic design, in spite of a large volume of arts – and heritage – publishing, which has lifted standards appreciably, there is much work of a hopefully 'experimental' nature which undervalues legibility – and closes a door against the relatively large population – who are excluded from printed culture and much else. It is as though the historic plain style clad in glossy azulejos has been borrowed without its clues (portals, window-framing) to access. Innovative shop designs of the 60s, however, generously used the reading surface as a transition zone from exterior to interior in a way that was

ken der Menschen unter Kontrolle hielt. Bei der Einsetzung der Republik wurde erklärt, dass der Geburtsadel durch den Verdienstadel ersetzt werden müsste, und wenn die republikanischen Regierungen eine verhältnismässig liberale Grundschulausbildung förderten, so beschränkte die Diktatur die Schulbildung für künftige 'Holzfäller und Wasserträger' auf das unbedingt Notwendige, um diese Aufgaben auszuführen: Grundkenntnisse im Lesen, Schreiben und Rechnen mit Geschichte, Erdkunde und Naturwissenschaften wurden auf eine Liste beschränkt, die einfach auswendig zu lernen war. Am anderen Ende der Leiter, der Universität, gab der Scholastizismus bezüglich der 'öffentlichen Bildung' im Ganzen gesehen den Ton an: Sie wurde von oben gelenkt, um der Gefahr der 'Fremdbefruchtung' zu entgehen. Die Bildungsstätten konnten somit als die soziale und politische Schutzgrenze der regierenden Schicht angesehen werden, obwohl ihre besondere Struktur auch erlaubte, dass die Kunsthochschule von Oporto (der die Architekturschule angehörte) radikale Stellungen einnehmen konnte, was in einem integrierten System nicht möglich gewesen wäre.

Die Reform des Schulwesens hatte zwar bereits vor der Revolution begonnen, jedoch stellten sich Demokratisierungsversuche unter Aufrechterhaltung der Qualität und die Einführung modernisierter Lerninhalte in bezug auf den damit verbundenen Zeitplan als übermässig optimistisch heraus. Als dann Ende der siebziger Jahre Designstudiengänge mit eigenem

both tactile and diachronic. A concern that is, unfortunately too hard to find in current graphic design where often it appears that the viewer-reader is invited to see the world from behind a windscreen in a car-wash, massaged by a soapy mixture of image and text – and not only in digital animation for multimedia.

In this anthology some pieces can be held to be programmatic: the bathroom fittings and door bolts of Álvaro Siza and Adalberto Dias serve to plot and define the inferred space and its boundaries; social concerns are signalled by the folding walking-stick for the blind by Paulo Vale, who responded to the needs of a relative by developing a product to address his needs – and the needs of his community; while a similar origin can be traced in the scissors for people with reduced muscle volume by Jorge Pacheco; the principal educational product on show – the sliding seat for lecture theatres, by Adalberto Dias, exemplifies the altruism required in making space for the excluded, while contrasting with Daciano Costa's engagingly cynical armchair (also for auditoria) which represents the university we have. The low-cost lighting programmes from ProtoDesign show the transfer of a graphic arts technology – die-cutting – to a non-printing material – polypropylene – for a non-printing product developed by a designer-led company. A small revolution? Perhaps. Signs of change? Certainly. With one foot in the past? Necessarily.

Abschluss eingeführt wurden, stiessen sie nicht nur auf mangelnde Hilfsmittel – Gelder, erfahrene Lehrkräfte, angemessene Werkstätten –, sondern auch auf tief eingewurzelte Abwehrhaltungen, zu deren Bewältigung eine ganze Generation notwendig ist.

Es erwies sich also als schwierig, projektstrukturierte Studiengänge zu schaffen, in die Geschichte und Theorie eingegliedert waren (eher als eine langweilige Auferlegung akademischer Grundwahrheiten), aber es ist der wichtigste Beitrag, den die Designausbildung sowohl den Studenten als auch dem Ausbildungssystem als Ganzes gesehen bieten kann. Aus diesem Grunde war der Wettbewerb *Junger Designer* des ICEP so wichtig – und so erfolgreich –, da er eine bedeutende Gruppe in dieser Ausstellung vertretener junger Designer hervorbrachte.

Mitte der achtziger Jahre begann das sich auf das Handwerk gründende Design von Architekten als Territorium begehrt zu werden, wo sie sich selbst müheloser als Autoren behaupten konnten als im Baugewerbe. Das Ergebnis war dem von Otl Aicher geschmähten ähnlich, aber sie arbeiteten weiter im auf das Handwerk gegründeten Design und im auf das Design gegründeten Handwerk: Schmuckwaren, Silberschmiedearbeiten Besteckgarnituren. Sie waren also besser mit geistigem Rüstzeug versehen, um ihren Weg zu finden und hatten die Hoffnung, der Industrie bei ihrer Wegfindung beizustehen.

Trotz der umfangreichen Veröffentlichungen über Kunst ► [89]

und Deukmäler, was das Niveau beachtlich gehoben hat, besteht beim Graphikdesign viel Arbeit aus hoffnungsgeladenen 'Experimenten', was die Verständlichkeit unterbewertet – und einer ziemlich breiten Bevölkerungsschicht die Tür schliesst, welche von schriftgestützter Bildung und vielem anderen ausgeschlossen ist. Es ist so, als wäre der historische bürgerlich Stil ohne Zugangsmöglichkeiten (Pforten, Fensterrahmen) weitergegeben worden. Innovatives Laden-Design der sechziger Jahre benutzte jedoch grossmütig die ablesbaren Schaufenster als Übergangszone zwischen aussen und innen in einer Weise, die zugleich stofflich als auch diachronisch war. Es ist eine Beziehung, die leider im gängigen Graphikdesign allzu schwer zu finden ist, wo es häufig vorkommt, dass der Schauende und Lesende aufgefordert wird, die Welt hinter einer Windschutzscheibe in einer Autowaschanlage zu betrachten, wobei er von einer Seifenmischung von Bildgestaltung und Text eine Massage bekommt – und sich nicht einfach nur in einer digitalen Multimediashow befindet.

In dieser Ausstellung können einige Stücke als programmatisch betrachtet werden: Das Badezimmerzubehör und die Türschlösser von Álvaro Siza und Adalberto Dias dienen dazu, den hergeleiteten Raum und seine Grenzen abzustecken und zu bestimmen, soziale Beziehungen werden durch den zusammenklappbaren Spazierstock für Blinde von Paulo Vale signalisiert, was den Bedürfnissen eines Relationsbegriffes dadurch entspricht, dass ein Produkt entwickelt wird, indem

sowohl die individuellen Bedürfnisse angesprochen werden – als auch die Bedürfnisse der Gemeinschaft. Ein ähnliches Ziel kann bei der Schere für Menschen mit verminderter Muskelmasse von Jorge Pacheco abgesteckt werden. Das wichtigste pädagogische Produkt in der Ausstellung – der Gleitsitz für Hörsäle von Adalberto Dias – belegt den Altruismus, der notwendig ist, um für die Ausgeschlossenen Raum zu schaffen; welcher im krassen Gegensatz zu dem bewusst zynischen Sessel (ebenfalls für Hörsäle von Daciano Costa stand, der die Universität darstellt, die wir haben. Die preisgünstigen Beleuchtungskörper von ProtoDesign zeigen den Transfer einer graphischen Technologie auf ein Material, das nicht zum Drucken zu verwenden ist – Polypropylen – für ein nicht gedrucktes Erzeugnis, von einer von Designern geleiteten Firma entwickelt. Eine kleine Revolution? Vielleicht. Zeichen der Veränderung? Bestimmt. Mit einem Fuss in der Vergangenheit? Notwendigerweise.

Bibliography | Literaturangaben

AICHER, Otl | *The world as design* (Berlin, ernst & sohn, 1994) p.115 «der nicht mehr brauchbare gebrauchsgegenstand» in *die welt als entwurf*, (Berlin, ernst & sohn, 1991)

Arquitectura Popular in Portugal (Lisbon, Sindicato Nacional dos Arquitectos, 1961)

de BARROS, Leitão ed. | *Portugal 1934* (Lisbon, Secretariado da Propaganda Nacional 1934)

FRAMPTON, Kenneth | 'Towards a Critical Regionalism: six points for an Architecture of Resistance' in Hal Foster, ed *Postmodern Culture* (Pluto, London, 1985), p. 16-30, quoting Alex Tzonis and Liliane Lefaivre, 'The grid and the pathway. An introduction to the work of Dimitris and Susana Antonakakis', *Architecture in Greece 15*, (Athens, 1981)

FRANÇA, José-Augusto | *Lisboa Pombalina e o Iluminismo*, (Lisbon, Bertrand, 1987)

FRANÇA, José-Augusto | *Rafael Bordalo Pinheiro*, (Lisbon, Bertrand, 1982)

KUBLER, George | *Portuguese Plain Style Architecture between Spices and Diamonds, 1521-1706*. (Middletown, 1972; Vega, Lisbon, 1988)

LE CORBUSIER | *Towards a New Architecture* [*Vers une architecture*, Crés, 1923, (London, Rodker, 1928)

LINO, Raúl | autobiography, in *Vida Mundial*, Lisbon, 21.xi.1969, quoted in José Augusto França, 'Raúl Lino: Arquitecto da Geração de 90' (Lisbon, Calouste Gulbenkian Foundation, 1970) p.94

RIBEIRO, José Vitorino | *A Imprensa Nacional de Lisboa, 1768-1912*, Lisboa, 1912, pp 109-110

dos SANTOS, Rui Afonso | 'O Design e a Decoração em Portugal 1900-1994' in *História de Arte Portuguesa* vol III, Lisboa, 1995

dos SANTOS, Rui Afonso | personal comm: citing Paulo Ferreira, 1997.

TAVARES, Domingos | 'Da Rua Formosa a Firmeza', Porto 1985; in P. Pereira, ed. *História de Arte Portuguesa*, 3 vols (Temas e Debates, Lisboa 1995) III, p 547

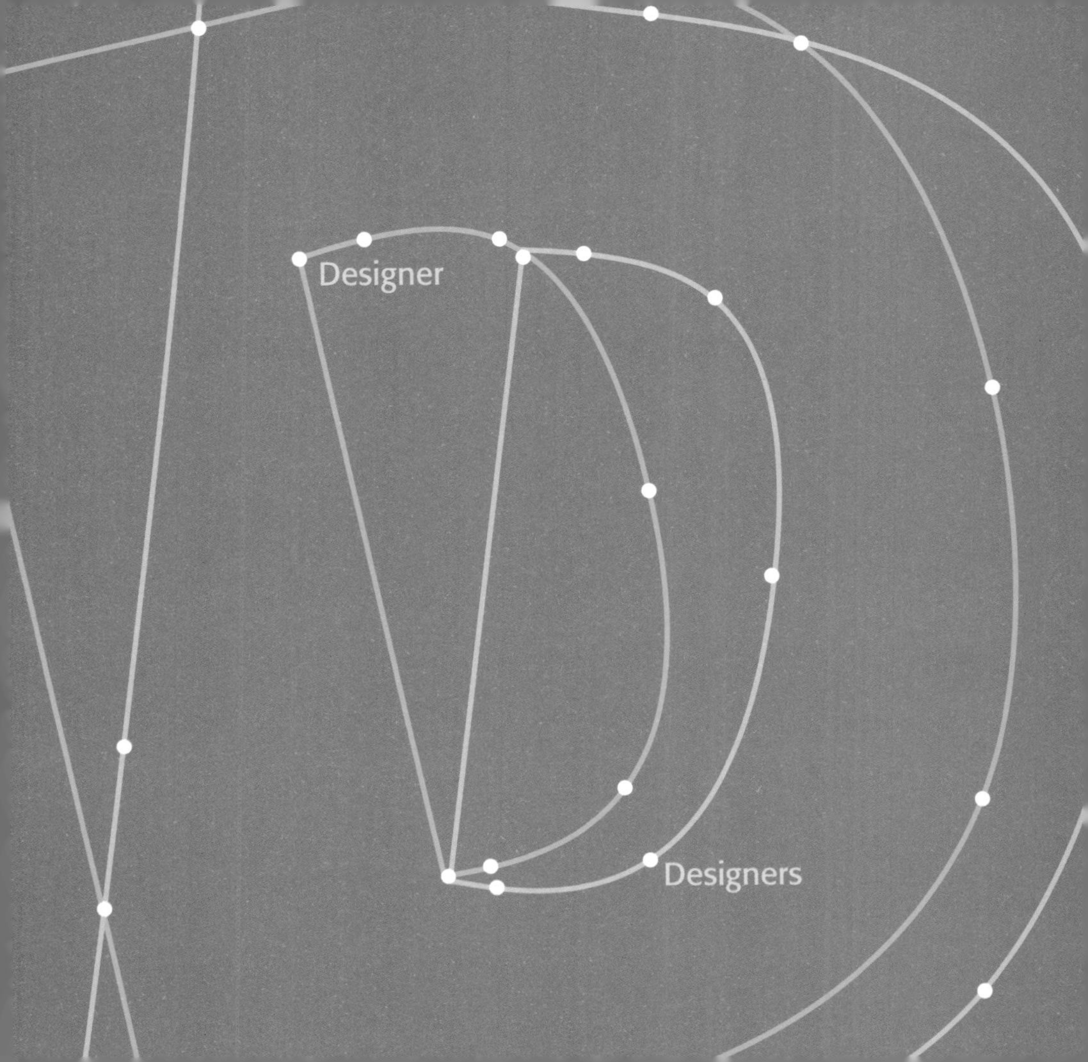
Designer
Designers

Plácido Afonso 1971
Rua Dr. Artur Figueiroa Rego 77
2500 CALDAS DA RAINHA
tel: +351 (0)931 233 722
fax: +351 (0)62 845 011

1993 Diplom in Produktdesign an der Schule für Kunst und Design in Caldas da Rainha
Ausbilder von Maschinenbau-lehrlingen
Produkt- und Graphikdesigner

Graduate in product design course the College of Art and Design at Caldas da Rainha in 1993, combin teaching engineering apprentices a the Cenfim training centre with practice in product and graphic design.

Carlos Aguiar 1953
Rua Almada 36 3°
4050 PORTO
tel: +351 (0)2 208 31 75
fax: +351 (0)2 208 32 85

usbildung als Architekt und
Maschinenbauingenieur;
ndustrielles Produktdesign;
ründung der Firma Porto Design
onsultancy eD, die umfassende
esignstrategien entwickelt.

Using his background in mechanical engineering and architecture to bring product design to industry, founded the Porto design consultancy eD which has won official recognition for its global design strategies.

Filipe Alarcão 1963
Rua Presidente de Arriaga 64 3º Esq.
1200 LISBOA
tel: +351 (0)2 208 31 75
fax: +351 (0)2 208 32 85

1987 Diplom in Produktdesign an der Fakultät der Schönen Künste in Lissabon
Master's Degree in Industriedesign an der Domus Akademie in Mailand
1991 Lehrtätigkeit an der Fakultät der Schönen Künste in Lissabon
Produktdesigner

Graduating in product design at th
Lisbon fine arts faculty in 1987, he
holds a Master's degree in industr
design from the Domus Academy,
Milan; was invited lecturer in the
product design course at the Lisb
fine arts faculty, 1991-95.
Has worked as an industrial desig
since 1990, developing projects in
the field of ceramics, glass, furnit
lighting, interiors and services.
Since 1995, in Italy worked with t
Studio de Lucchi, on, among othe
things, projects for Olivetti Person
Computers. Since september 199
has been responsible for SDL Lisb
alongside his own office.

Ana Paula Allen 1968
Edifício Park, Rua da Paz, 66, S/17
4150 PORTO
tel: +351 (0)2 609 92 89
fax: +351 (0)2 609 92 89

1993 Diplom am College für Kunst und Design (ESAD) in Matosinhos. Eigener Büro für Architektur und Design, Lehrtätigkeit. Produkt-, Interieur - und Lichtdesign.

After graduating from the College of Art and Design (ESAD) at Matosinhos in 1993, established an architectural and design partnership, combining private practice with teaching.
Currently working on product, interior and lighting design projects.

Jorge Alves 1952
Rua de S. Paulo 100 4° Dto.
1200 LISBOA
tel: +351 (0)1 342 72 37
fax: +351 (0)1 342 72 41

1982 Diplom in Design an der Fakultät der Schönen Künste in Lissabon
1986 Lehrtätigkeit an der Fakultät der Schönen Künste in Lissabon
1994 Mitbegründer der Firma APC Design
Spezialisiert auf Innen- und Aussenbeleuchtung, Strassenausstattung.

Graduate in product design at the Lisbon Fine Arts faculty in 1982, where he has been teaching since 1986. Having specialized in both interior and exterior lighting and street furniture, co-founded the consultancy APC Design in 1994.

Salette Aranda Brandão 1952
Rua Pau da Bandeira
1200 LISBOA
tel: +351 (0)1 606 581
fax: +351 (0)1 397 41 73

Diplom in Produktdesign in London
Lehrtätigkeit an der Fakultät für Architektur an der Technischen Universität Lissabon
Mitbegründerin des Ateliers B2 in Lissabon
Graphik- und Industriedesignerin

Graduated in London in three-dimensional design, has been engaged in undergraduate teaching for the past 20 years, currently in the Faculty of Architecture at Lisbon Technical University. A founding partner of Atelier B2 in Lisbon, maintains a regular practice in graphic and industrial design.

João Carrilho da Graça 1952
Calçada Marquês de Abrantes, 48 2º Dto.
1200 LISBOA
tel: +351 (0)1 396 07 31
fax: +351 (0)1 395 02 32

1977 Abschluss an der Universität der Schönen Künste in Lissabon;
1977-1992 Lehrtätigkeit an der Technischen Universität in Lissabon
Designer
Vorträge in Europa und Nordamerika

After graduating from the Lisbon fine arts school in 1977, has combined professional practice with teaching in the architecture faculty of the Technical University of Lisbon (until 1992), and lecturing extensively on his work in Europe and North America.

José Manuel Carvalho Araújo 1961
Calçada da Memória, 14, Ajuda
1300 LISBOA
tel: +351 (0)1 362 68 29/30/31
fax: +351 (0)1 362 68 32

1990 Graduierter Abschluss in Architektur an der Technischen Universität Lissabon
Sammelte Erfahrungen im Design und der Möbelproduktion im Familienunternehmen
Architekt, Möbel- und Ausstellungsdesigner

Before graduating in architecture at the faculty architecture of the Technical University of Lisbon, in 1990, having transferred from Porto, he had already gained experience in design and production of furniture in the family firm. Combines architectural practice with furniture design and development and exhibition design.

Daciano Costa 1930
Travessa da Condessa do Rio, 1 A
1200 LISBOA
tel: +351 (0)1 346 99 52
fax: +351 (0)1 342 11 44

Pionier des Industriedesign in Portugal
Gründung der Designabteilung an der Fakultät für Architektur in Lissabon, seitdem dort Lehrtätigkeit
Designer für Möbel, Interior und Ausstellungen

Pioneer of industrial design in Portugal, combines a practice whic embraces furniture, interior and exhibition design, with teaching in the Design department which he established in the Architecture faculty of the Lisbon Technical University.

Paula Crespo 1947
Rua Dr. Teófilo Braga, 54, 2° Esq.
1200 LISBOA
tel: +351 (0)1 397 73 95

Diplom in Amerikanistik
1986 Ausbildung zur Juwelierin an
der Ar.Co. in Lissabon
Zwei Jahre Lehrtätigkeit an der Ar.Co.
Aufbaustudium Industriedesign an
der Universität Porto Mitbegründerin
der Gallerie Artefact 3
1993 Kuratorin der Ausstellung
Illegitimos, Joias Portuguesas'

Completed the Jewellery Course at Ar. CO, Lisbon in 1986, after taking a degree in Anglo-American studies at the University of Lisbon. Taught at Ar.Co for two years before running the jewellery module in the postgraduate course in industrial design in the University of Porto. Co-founder of the gallery/wokshop Artefact 3, has shown regularly in Portugal and abroad, and curated the exhibition 'Illegítimos, Joias Portuguesas' in 1993.

Raul Cunca 1963
Rua Frei Fortunato S. Boaventura, 33, 1° Esq
1200 LISBOA
tel: +351 (0)1 397 73 95

1989 Graduierter Abschluss an der Faculdade de Belas Artes in Lissabon
1992 Master's Degree in Produktdesign an der Domus Akademie in Mailand
1994 Lehrtätigkeit an der Faculdade de Belas Artes in Lissabon
Interior- und Ausstellungsdesigner

After graduating from the Lisbon Fine Arts Faculty in 1989, obtained his Master's degree in product design at the Domus Academy, Mi in 1992. Combines work in produc interior and exhibition design with teaching at the Lisbon Fine Arts Faculty since 1994.

Adalberto Dias 1953
Rua da Alegria, 399, 1°
1900 PORTO
tel: +351 (0)2 570 010
fax: +351 (0)2 510 61 54

T März 1953 in Oporto
1976 Abschluss in Architektur an der Faculdade de Belas Artes in Porto Lehrer an der Fakultät für Architektur an der Universität Porto
1971-77 Assistent von Álvaro Siza
1977 eigenes Architekturbüro
Bau von Privathäusern und Apartmenthäusern;Wiederherstellung und Möbilierung von öffentlichen Einrichtungen (einige gewannen Preise); Stahlbrücke über die Schlucht des Flusses Douro in Porto (Projekt). Er lehrt in Portugal und anderen Ländern; Ausstellungsteilnahmen in Portugal, Frankreich, Italien und Spanien.

After qualifying at the Porto Architecture School, worked as an assistant to Àlvaro Siza, before establishing his own practice. Current projects include a new steel bridge over the gorge of the river Douro, in Porto.

ex máquina 1989-1991

Zusammenschluss der Designer: Raul Cunca, Paulo Parra, Marco Sousa Santos und José Viana Arbeiten für den Büromöbelhersteller Longra; Interior und Möbel für die Werbeagentur Latina; Möbelkollektion 'Deriva'; Teeservice für Europalia in Brüssel; Bewerbung bei Sony für die 'Vision 90'

Founded in Portugal in 1989 by Ra
Cunca, Paulo Parra, Marco Sousa
Santos and José Viana.
In its two years of existence, acted
consultants to the office furniture
company Longra, designed interio
and furiture for the Latina advertis
agency, a furniture range 'Deriva' a
tea service for Europalia in Brussel
and competed in Sony Design Visi
90.
Its founders continue working in industrial design.

Ana Fernandes 1945
Rua Aires de Ornelas, 15 r/c
4000 PORTO
tel: +351 (0)2 57 36 06
fax: +351 (0)2 56 65 49

968 Diplom im Fach Skulptur an
er Escola Superior de Belas Artes in
orto
usbildung zur Juwelierin und
ilberschmiedin seit 1986 Einzel-
nd Gruppenausstellungen in
ortugal und Europa

After graduating as a sculptor at the Fine Arts School at Porto in 1968, won bursaries to specialize in jewellery and silversmithing. Has exhibited regularly, both individually and in group shows in Portugal and Europe since 1986.

Eliane Marques 1972
Av. José Gregório, 85
2430 MARINHA GRANDE
tel: +351 (0)44 551 30 45

Studium an der Schule für Kunst und Design in Caldas da Rainha , Produkt-, Einrichtungs- und Graphikdesign 1993 Diplom, Lehrtätigkeit;
Produkte für Crisal, Cristais de Alcobaça SA

Experience in product, interior an graphic design, and scenography, since a student at the College of and Design at Caldas da Rainha, where she graduate in 1993; is currently teaching, and working fo Crisal, Cristais de Alcobaça SA.

Jorge Pacheco 1941
Rua de S. Paulo, 100, 4° Dto.
1200 LISBOA
tel: +351 (0)1 342 72 37
fax: +351 (0)1 342 72 41

1970 Diplom
1970-1977 Mitarbeit in zwei Designbüros in London
seit 1977 Lehrtätigkeit an der Fakultät für Architektur an der Technischen Universität Lissabon
1994 Mitbegründer der Firma APC Design

Worked in London in two design offices after graduating there in 1970. Since 1977 has combined professional practice in Lisbon with teaching, currently at the faculty of architecture of the Technical University. Co founder of the consultancy APC Design.

Paulo Parra 1961
Rua do Século, 76, 2º
1200 LISBOA
tel: +351 (0)1 342 97 12
fax: +351 (0)1 342 91 12

1990 Diplom in Produktdesign an der Faculdade de Belas Artes in Lissabon 1993 Master's Degree an der Schule für Kunst und Design (ESAD) in Matosinhos

Graduated in Product Design , Faculty of Fine Arts, Lisbon, in 199(earning a Master's degree from the Architecture Faculty, University of Porto in 1993.
Combines professional practice wit coordinating industrial design cours at the College of Art and Design (ESAD), Matosinhos .and IADE Lisb(

Victor Peixoto
Rua Marechal Saldanha, 303, r/c Esq. B
4150 PORTO
tel: +351 (0)2 617 01 29
fax: +351 (0)2 617 50 47

Graduierter Abschluss an der Gama Filho Univrsität in Rio de Janeiro
Bis 1986 arbeitet er dort an Architektur- und Designprojekten
1986 geht er nach Porto um für ein portugiesische Hotelgruppe zu arbeiten, zur selben Zeit eröffnet er ein Architektur- und Designbüro in Porto

After graduating from Gama Filho University, Rio de Janeiro, where he worked on architectural and design projects until 1986, when he moved to Porto to work for a Portuguese hotel group.
Currently runs his own architectural and design practice in Porto.

Filomeno Pereira de Sousa 1949
Rua Maos de Portugal
1200 LISBOA
tel: +351 (0)1 397 75 95
fax: +351 (0)1 397 75 95

Schmuckdesigner,
Lehrer und Kursdirektor an zwei Schulen in Porto und Lissabon
Er arbeitet mit speziellen Themen und experimentiert mit neuen Techniken und Materialien;
er unterrichtet und organisiert Workshops
Ausstellungen auf der ganzen Welt

A fully-qualified Jewellery-craftsma with 30 years' professional experience, is teacher and Course Director of two schools, in Porto a Lisbon.
Works with specific themes, experimenting with new technique and materials.
Has lectured, held workshops and exhibited throughout the world an is one of the leading Portuguese jewellers working today.

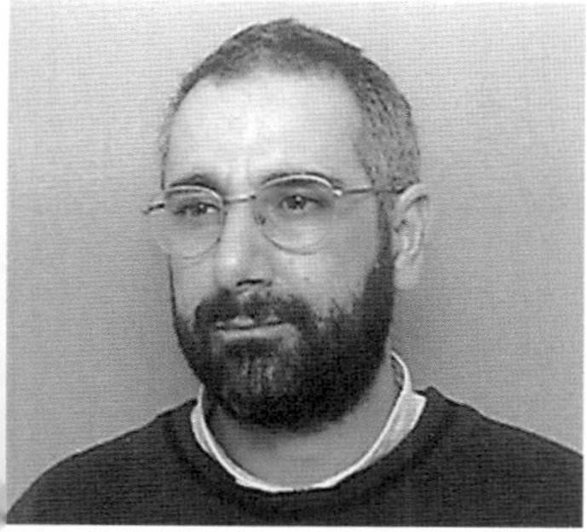

Francisco Providência 1961
Rua do Bicalho, 127
4150 PORTO
tel: +351 (0)2 600 26 19 / 600 87 04
fax: +351 (0)2 600 77 34

Graduierter Abschluss an der Escola Superior de Belas Artes in Porto 1986 Designlehrer an der Architekturfakultät seit 1991 Masters' Kurs in Packaging Design

After graduating from the College of Fine Arts of Porto in 1985, has combined professional practice as a designer with teaching, since 1986 in the Architecture Faculty, and from 1991 on the Masters' course in packaging design.
Is currently preparing for a doctorate in architectural drawing in the Architecture Faculty.

José Joaquim Ribeiro 1961
Caldas das Taipas
4800 GUIMARÃES
tel: +351 (0)53 440 02 40
fax: +351 (0)53 440 02 42

Designer und Produktdirektor des Besteckwarenherstellers Cutipol; dort u.a. verantwortlich für die Überarbeitung der vorhandenen Produkte.
Entwurf der Bestecke 'Hermitage', 'Next', 'Manhattan',
'van der Rohe' und 'Madison'.

Designer and production director o the cutlery manufacturers, Cutipol. Having been responsible for restyli the company's existing product range, he designed "Hermitage", "Next" and "Manhattan", "van der Rohe" and "Madison", shown here.

Lourenço Rocchi 1964
Praça D. Afonso V, nº 55, Hab. 6
4510 PORTO

1991 graduierter Abschluss an der Schule für Architektur in Porto 1992 eigenes Designerbüro; er entwirft Objekte in der Sparte Interiordesign

Graduating at the Porto School of architecture in 1991, in private practice since 1992. Working mainly in the field of interior design, for which he produces furniture and lighting, some of which has been on sale commercially since 1995.

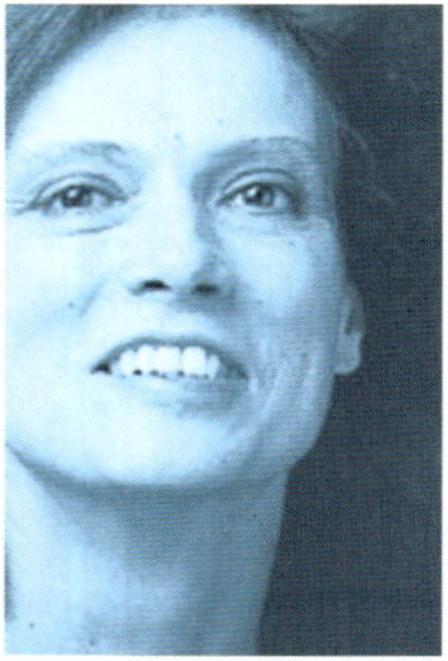

Tereza Seabra 1944
Travessa da Àgua de Flor, 37-39
1200 LISBOA
tel: +351 (0)1 342 35 62
fax: +351 (0)1 301 64 59

Studium an der Escola Superior de Belas Artes in Lissabon, dem Art Center Y in New York (mit Thomas Gentille) und den Sudios von Robert Kulicke und Hiroho Sworwick 1975 - 76 Hochschule für Bildende Künste in Hamburg
1977 Rückkehr nach Portugal und Mitbegründerin der Schmuckabteilung von Ar.Co., der sie bis 1978 vorsteht
1984 Eröffnung der Gallerie Artefacto 3 mit Alexandra Pimentel und Paula Crespo
seit 1975 Ausstellungen in Portugal, Europa, Japan und Brasilien

After the Lisbon Fine Arts School, and the Art Center Y in New York , with Thomas Gentille, and in the studios of Robert Kulicke and Hiro Swornick, completed her training a the Hochscule für Bildende Künste Hamburg, 1975-76.
Returning to Portugal in 1977, founded the Jewellery department ar.co, which she has headed since 1978, opening the gallery/worksho Artefacto 3 in 1984, with Alexandra Pimentel and Paula Crespo. Has regularly taken part in, and curated exhibitions in Portugal and abroad Europe, Japan and Brazil - since 19

Alexandra Serpa Pimentel 1954
Praça José Fontana, 12, 6°
1150 LISBOA
tel: +351 (0)1 353 45 16

976 Diplom an der Central School
ır Kunst und Design, zweijähriger
ırbeits-aufenthalt in London
978 Rückkehr nach Portugal;
Mitbegründerin der Schmuck-
bteilung in Ar.Co.
978 Lehrerin in Ar.Co.;
Mitbegründerin der Artefacto 3
eit 1976 einige Einzelausstellungen

Graduated from the Central School of Art and Design in London, in 1976, and after working for two years in London returned to Portugal to co-found the Jewellery Department at Ar.Co, Lisbon, in 1978, where she continues to teach, while working at the gallery/workshop Artefacto 3, of which she is a founding partner.
Shows regularly in Portugal and abroad since 1976.

Pedro Silva Dias 1963
Travessa das Necessidades, 9, 2°
1300 LISBOA
tel: +351 (0)1 395 14 37
fax: +351 (0)1 342 19 28

1987 Diplom in Produktdesign an der Faculdade de Belas Artes in Lissabon
Lehrtätigkeit an der Faculdade de Belas Artes in Lissabon
Designer

Graduate in Product Design, Facul
of Fine Arts, Lisbon in 1987
Combines teaching in the Faculty
Fine Arts, with practice over a wid
field of design disciplines.

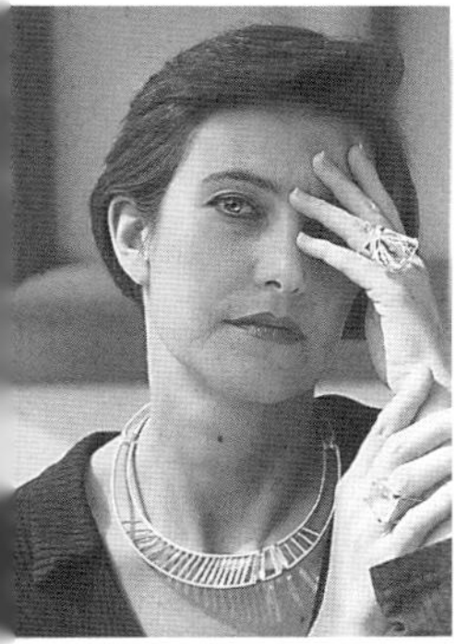

Ana Silva Sousa
Estrada da Luz, 90, 10° B
1600 LISBOA
tel: +351 (0)1 727 60 98
fax: +351 (0)1 778 52 71

976 Diplom im Fach Skulptur an er Escola Superior de Belas Artes in ssabon, seitdem Lehrtätigkeit
eit 1983 Skulpturen, Scenographie nd Schmuck seit 1983
eilnahme an Ausstellungen, u.a. in ortugal und dem World Council old-Ring' (1991-1993)

Graduated in sculpture at the Lisbon Fine Art School in 1976.
Combines teaching with sculpture, scenography and jewellery since 1983.
Has taken part in jewellery exhibitions in Portugal and abroad since 1983, including the itinerant World Gold Council 'Gold Ring',1991-93.

Álvaro Siza 1934
Rua da Alegria, 399, 1° A
4000 PORTO
tel: +351 (0)2 57 08 50
fax: +351 (0)2 510 35 18

Er ist ein führendes Mitglied der sog. 'Schule des kritischen Regionalismus von Porto' und hat in seinem umfangreichen Werk sowohl Einfamilienhäuser, Projekte des sozialen Wohnungsbaus, als auch öffentliche Gebäude und Stadtplanung in verschiedenen Ländern realisiert. Daneben hat er zahlreiche Designentwürfe kreiert.

The best known Portuguese archi
working today. After training at Po
became identified as a leading
member of the "critical regionalis
School of Porto", established a
practice which extends from priva
villas to housing schemes, public
buildings and town planning in
Portugal and abroad, and a wide
repertory of design.

Marco Sousa Santos 1962
Rua da Vinha, 43 A
1200 LISBOA
tel: +351 (0)1 342 85 08
fax: +351 (0)1 342 02 39

1992 Diplom in Produktdesign an der Faculdade de Belas Artes in Lissabon.
1992 Mitbegründer und Designmanager von Proto Design
Designer für verschiedene bedeutende öffentliche und private Firmen in Portugal.

Graduated in Product Design, Faculty of Fine Arts, Lisbon in 1992.
Co-founder and design manager, Proto Design since 1992.
Has worked in a wide field of design for major public and private companies in Portugal.

Eduardo Souto Moura 1952
Rua do Aleixo, 53, 1° esq.
4150 PORTO
tel: +351 (0)2 618 75 47
fax: +351 (0)2 618 75 47

1974-79 Assistent von Alvaro Siza.
1980 Graduierter Abschluss in Architektur an der Faculdade de Belas Artes in Porto.
1981 Professor für Architektur an der Universität von Porto.
1989 Professor an der Universität Harvard in Dublin.
1990-91 Professor an der ETH in Zürich.

Working as an assistant to Álvaro Siza before graduating at the Porto architecture School in 1980, has combined teaching at Porto since 1981 with private practice, where his characteristic architecture combining different materialse is carried over into design.

Paulo Vale 1963
Rua do Bonjardim, 404
4000 PORTO
tel: +351 (0)2 200 26 55
fax: +351 (0)2 200 26 55

Designer und Plastiker,
Projekte im Möbel- und Lichtdesign.

Combines work as designer and product developer with sculpture and craft pieces in metal, which have won widespread recognition in Portugal and abroad.

José Viana 1960
Rua da Vinha, 43 A
1200 LISBOA
tel: +351 (0)1 342 85 08
fax: +351 (0)1 342 02 39

Diplom in Produktdesign an der Faculdade de Belas Artes in Lissabon.
1989 Mitbegründer der Firma Proto Design.
1995 Lehrtätigkeit an der Faculdade de Belas Artes in Lissabon.

Graduated in product design at the Lisbon Faculty of Fine Arts, where has been teaching since 1995. Co-founder of Proto Design in 1989.

Miguel Vieira Baptista 1968
Rua Eng. Nobre Guedes, 10, 3° Dto.
1500 LISBOA
tel: +351 (0)1 760 79 03

1990 Ausbildung als Produktdesigner an der IADE, Lissabon.
1994 Abschluss an der Glasgow School of Art.
1995 Eintritt in die Firma Proto Design, in der er sein Lichtprogramm *Ultra luz* einbringt; dort ist er als Designer, Produktmanager, Promoter und im Warenvertrieb tätig; zur Zeit entwickelt er das Lichtprojekt *terra*.
1997 Kurator der Ausstellung *Low Budget- Der diskrete Charme des Alltäglichen* (von Mathias Dietz und Mats Theselius) in Lissabon.

After training in product design at IADE,Lisbon in 1990, and a post-graduate course at Glasgow School of Art in 1994, and industrial experience, joined Proto Design in 1995, where he contributed to the lighting programme *Ultra luz* both as designer and in management of production, promotion and distribution, in Portugal and abroad; is curently working on the development of the lighting project *terra*.
In 1997 curated the Lisbon showing of *Low Budget - everyday objects* by Matthias Dietz and Max Theselius.

Ricardo Vieira de Melo 1965
Rua de Viseu 57, 2° dto.
3800 AVEIRO
tel: +351 (0)34 21 442
fax: +351 (0)34 21 442

1989 Abschluss in Architektur an der Technischen Universität Lissabon. Diplom in Industriedesign am Institut für Design an der Universität Porto. 1994 Lehrtätigkeit an der Universität Porto.
Architekt und Designer.

After graduating in architecture fro[m] the Technical University of Lisbon [in] 1989, and a postgraduate qualification in industrial design fr[om] the Institute of Design of the University of Porto, combines architectural and general design practice with teaching at the Lusiadas University of Porto, since 1994.

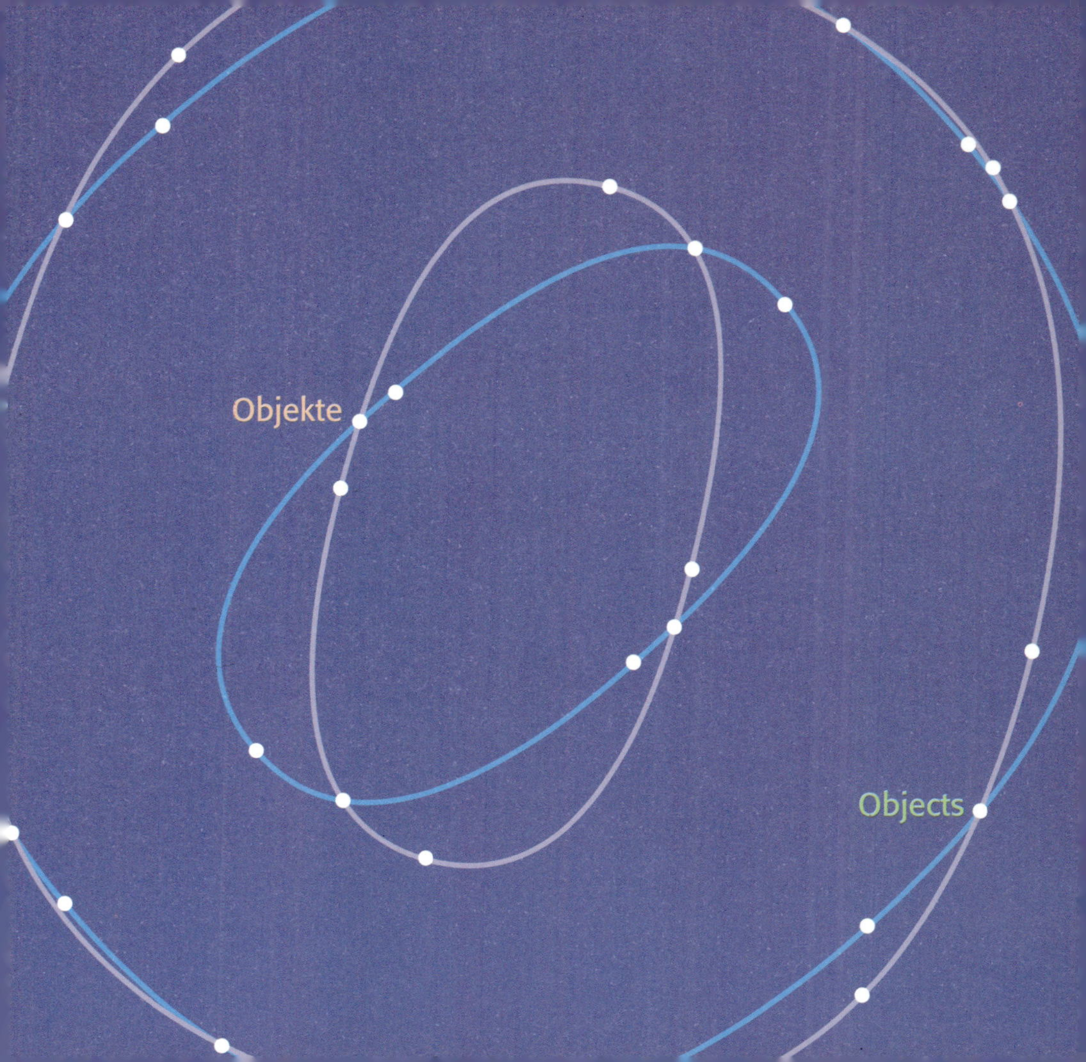
Objekte
Objects

puxador
Álvaro Siza, 1995
Ø25, 35, 56 mm
MSI

Türknauf
Guajakholz oder Esche

door knob
ligum vitae or ash

Tatami
Raul Cunca, 1995
290 x 290 x 40 mm
Faber Polis

Ständer 'Modular'
Buchenholz Takulaholz

modular stand
beech and tacula wood

2 livreiras Helena
Álvaro Siza
520 x 520 x 345 mm (aberta)
410 x 360 x 100 mm (fechada)
1:1 DESIGN

Buchstände
Holz

bookstand
satinwood

espelho 2
Álvaro Siza
505 x 250 x 250 mm
DDI

Ankleidespiegel
Guajakholz, Esche

dressing-glass
ligum vitae and ash

Suporte 0
Álvaro Siza
240 x 180 x 180 mm
DDI

Buchständer
rostfreier Stahl

bookends
stainless steel

suportes de livros

Adalberto Dias, 1997

230 x 140 mm

Carvalho Batista

Buchständer

rostfreier Stahl

bookend,

steel

lampada 2
Álvaro Siza
Ø 162 x 243 mm
MSI

Tischlampe
Holz und Messing

lamp
afezélia wood and brass

peão
Pedro Silva Dias
65 x Ø 130 mm
Mínima

Lampe
Sperrholz

lamp
plywood

peúgo
Pedro Silva Dias
160 mm; Ø40 mm
Loja da Atalaia

Lampe
Massivholz

lamp
solid wood

cartucho
Filipe Alarcão
90 x 340 mm
Loja da Atalaia

Stehlampe,
Keramik, Messing, Papier

lamp
ceramic, brass, paper

PHILIPS
PHILIPS
PHILIPS
PHILIPS

RIA
Adalberto Dias, 1994
750 x 500 x 400 mm
Mobapec

Stuhl
Stahlrohr und
gebogenes Buchesperrholz

chair
steel tube and formed beech pl

vai e vem
Adalberto Dias, 1996
780 x 400 x 370 mm
Mobapec

Gleitsitz für Hörsäle
Stahlrohr und
gebogenes Buchesperrholz

chair with sliding seat for
lecture-theatre
steel tube & formed beech ply

Galba
Daciano Costa
790 x 520 x 565 mm
Julcar

Theaterstuhl,
emaillierter und verchromter Stahl
Holzarmklehnen, mit trevira CS
gepolster

chair for lecture theatre,
enamelled and chromed steel,
wooden arms, upholstered trevi

Tronco
José Manuel Carvalho Araújo
710 x 450 x 400 mm
Iduna

Stuhl
Holz, verchromter Stahl

chair
wood & chromed steel

al dual
Marco Sousa Santos
700 x 450 x 450 mm
Proto Design

Stuhl,
Mahagoniholz, Alcantara

chair,
mahogany and alcantara

facie
José Viana
760 x 480 x 400 mm
Proto Design

Stuhl
Mahagonisperrholz

chair
mahogany ply

DD
José Viana
870 x 375 x 375 mm
Proto Design

Stuhl
Mahagoni und Buchesperrholz

chair
mahogany and beech ply

delicatessen
Francisco Providência
900 x 600 x 450 mm
Sátira

Stuhl
Stahlrohr,
gebogenes Buchesperrholz

chair,
steel tube & formed beech ply

tong
Pedro Silva Dias
720 x 440 x 530 mm
DDI

Stuhl
Holz

chair,
sucupira wood

bacarat
Pedro Silva Dias, 1996
710 x 660 x 600 mm
Loja da Atalaia

rostfreier Stahl, polyethylen

stainless steel and polyethylene

serviço de chá
ex máquina
1500 x 550 x 600 mm
Ex Máquina

Teeservice,
Porzellan

tea service,
porcelain

serviço de chá
Ana Silva e Sousa

Teeservice,
Porzellan

tea service,
porcelain

van der Rohe | Madison

Manhattan

José Joaquim Ribeiro

Cutipol

Besteck
rostfreier Stahl

cutlery
stainless steel

talheres
Ana Fernandes
Manuel Alcino & Filhos

◀ besteck
Silber

cutlery
silver

abre livros
Ana Fernandes

Brieföffner,
Silber

paper knife,
silver

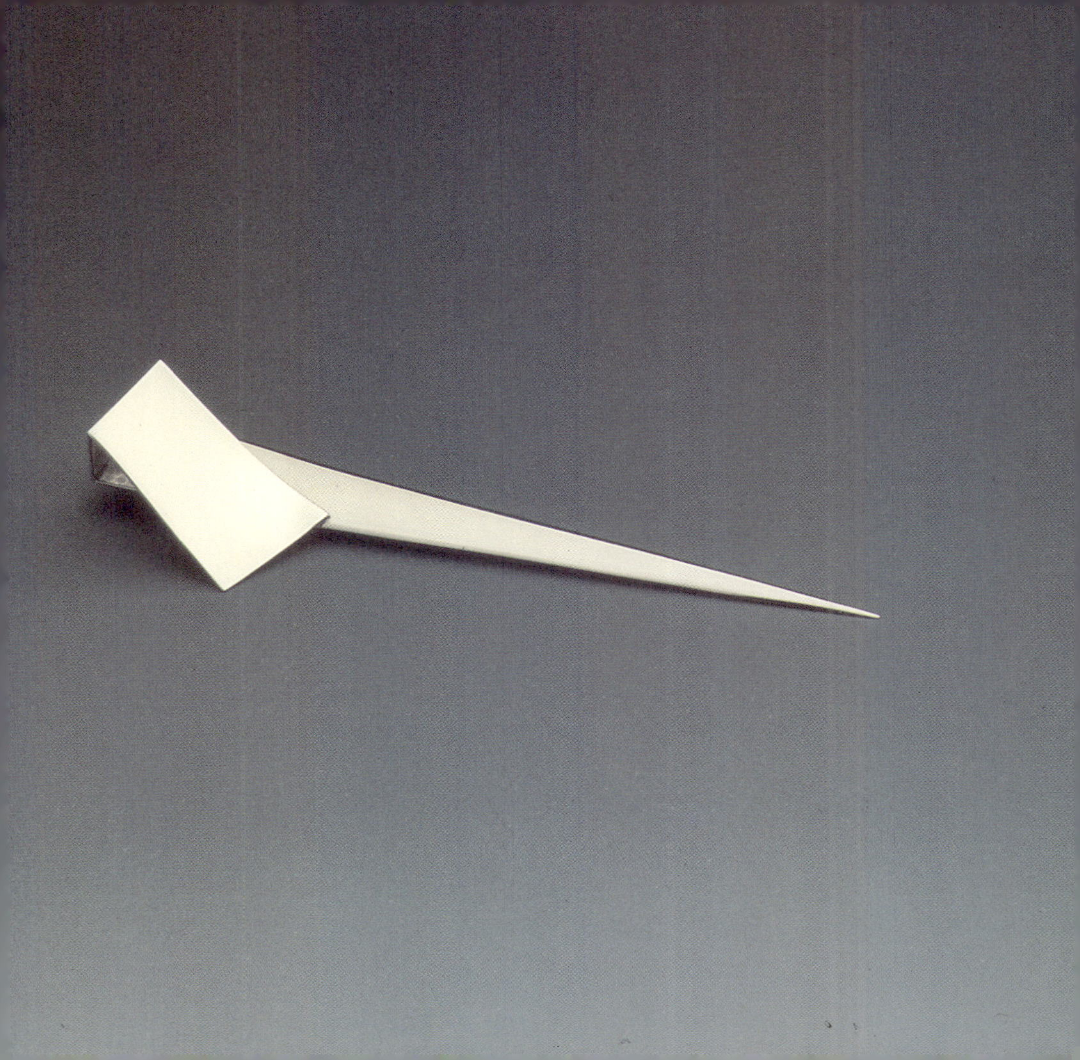

abre livros
Ana silva e Sousa
200 x 25 mm

Brieföffner,
Silber

paper knife,
silver

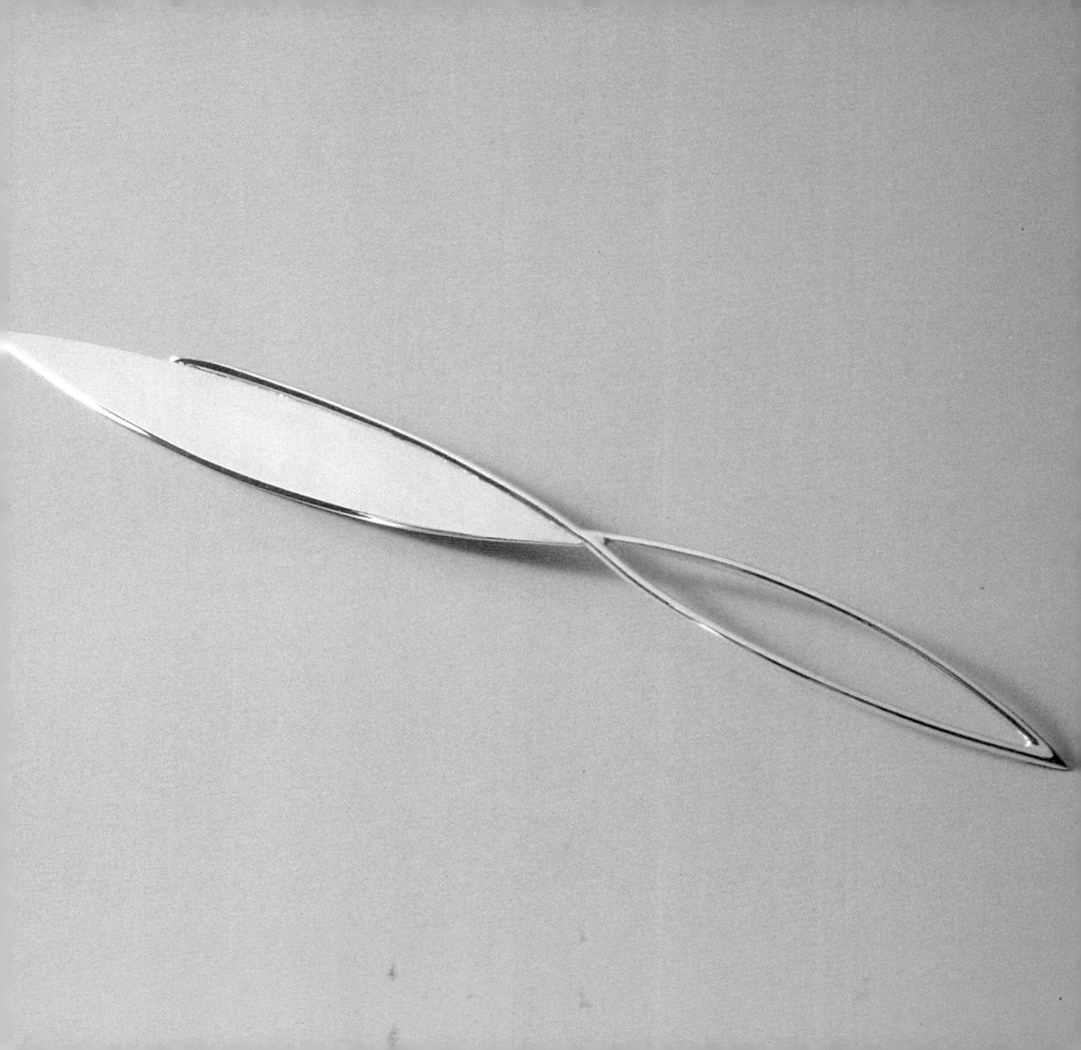

abre livros
Ana Silva e Sousa
200 x 15 mm

Brieföffner,
Silber

paper knife,
silver

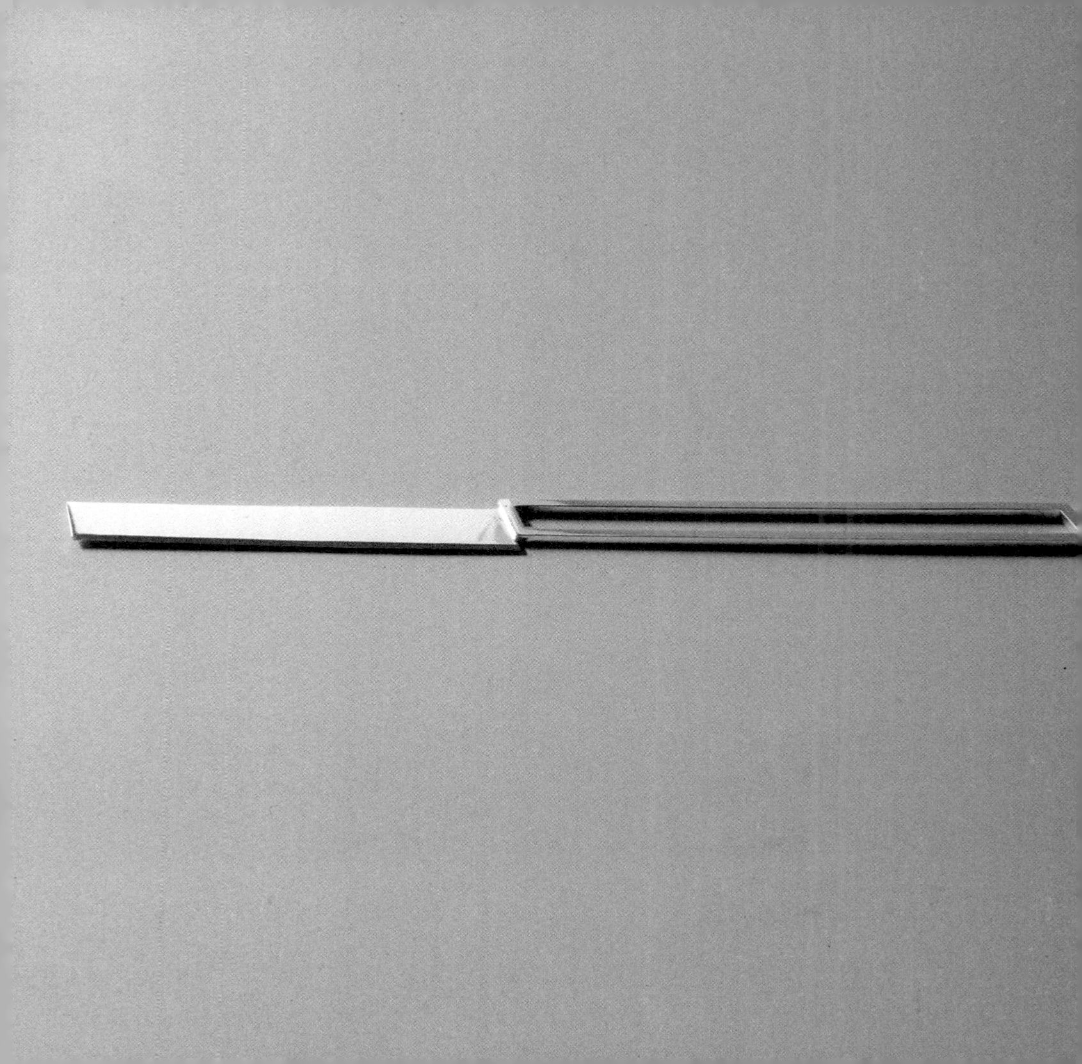

serviço de chá
Ana Fernandes

Teeservice,
Silber schwarzer Granit

tea service,
silver black granite

fruteira/porta cartas

Ana Fernandes

Silber

silver

jarra
Filomeno Pereira de Sousa, 1996
280 x 120 x 50 mm
Galeria Contacto Directo

Vase,
Silber

vase,
silver

saleiro e pimenteiro
Filomeno Pereira de Sousa, 1996
190 x 140 x 32 mm
Galeria Contacto Directo

Salz- und Pfefferständer
Silber

salt cellar & pepperpot
silver

colar da colecção
de jóias para Alessandro de' Medici
Tereza Seabra, 1997
Ø 200 mm
Artefacto

Halsketteaus der Kollektion
'Juwelen von Alexander de' Medici'
Gold, Onyx

necklace, from the collection
'Jewels for Alexander de' Medic
gold and onyx

insignia da colecção
de jóias para Alessandro de' Medici
Tereza Seabra, 1997
Ø 34 mm
Artefacto

Brosche aus der Kollektion
'Juwelen von Alexander de Medici',
Gold

enseigne, from the collection
'Jewels for Alexander de' Medici'
gold;

colar
Paula Crespo
Artefacto

Halskette,
oxydiertes Silber

necklace,
oxidised silver

aneis
Paula Crespo
Artefacto

Ringe,
Silber, Gold

rings,
silver, gold

colar
Ana Fernandes

Halskette
Gold

necklace,
gold

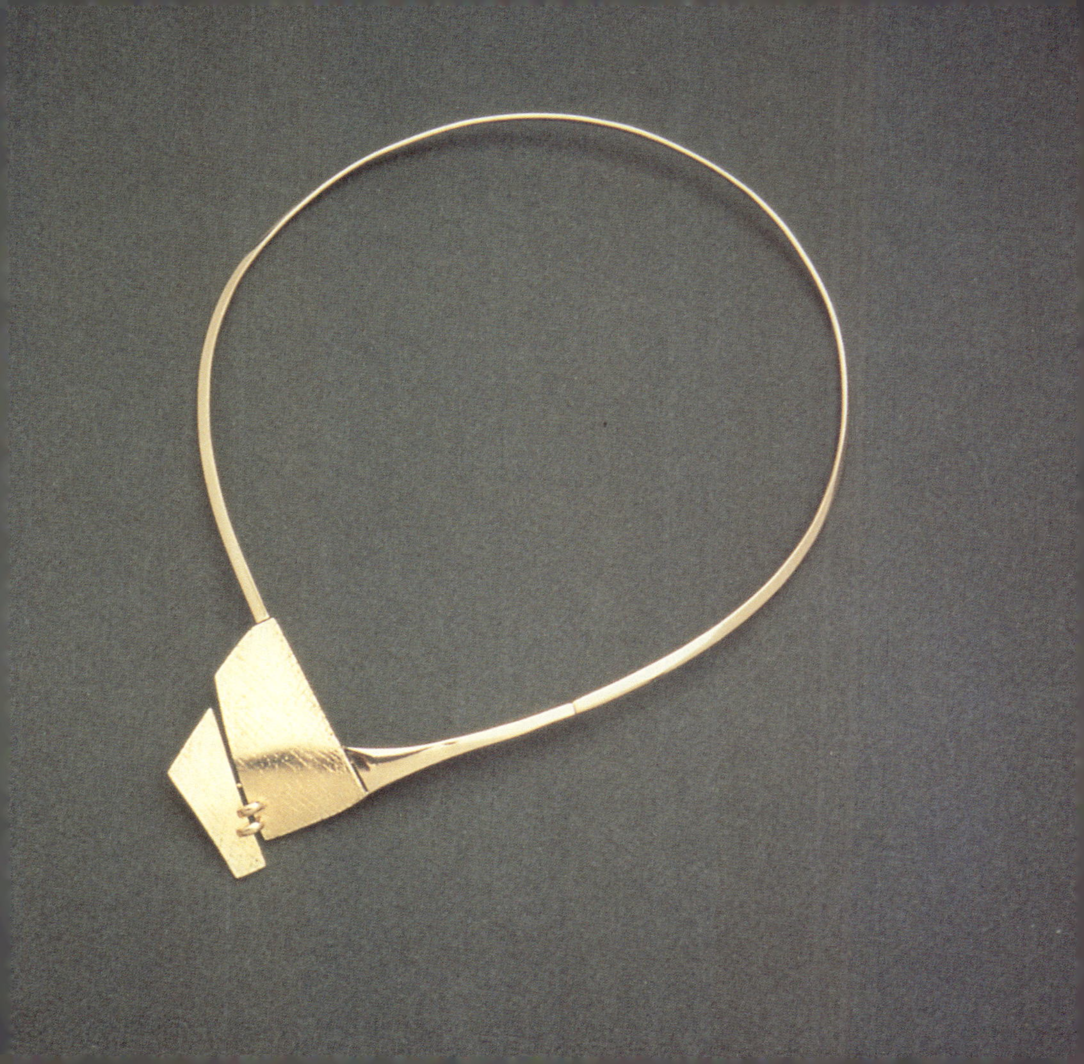

colar
Ana Fernandes

Halskette
Silber, Stahl, Gummi

necklace,
silver, steel and rubber

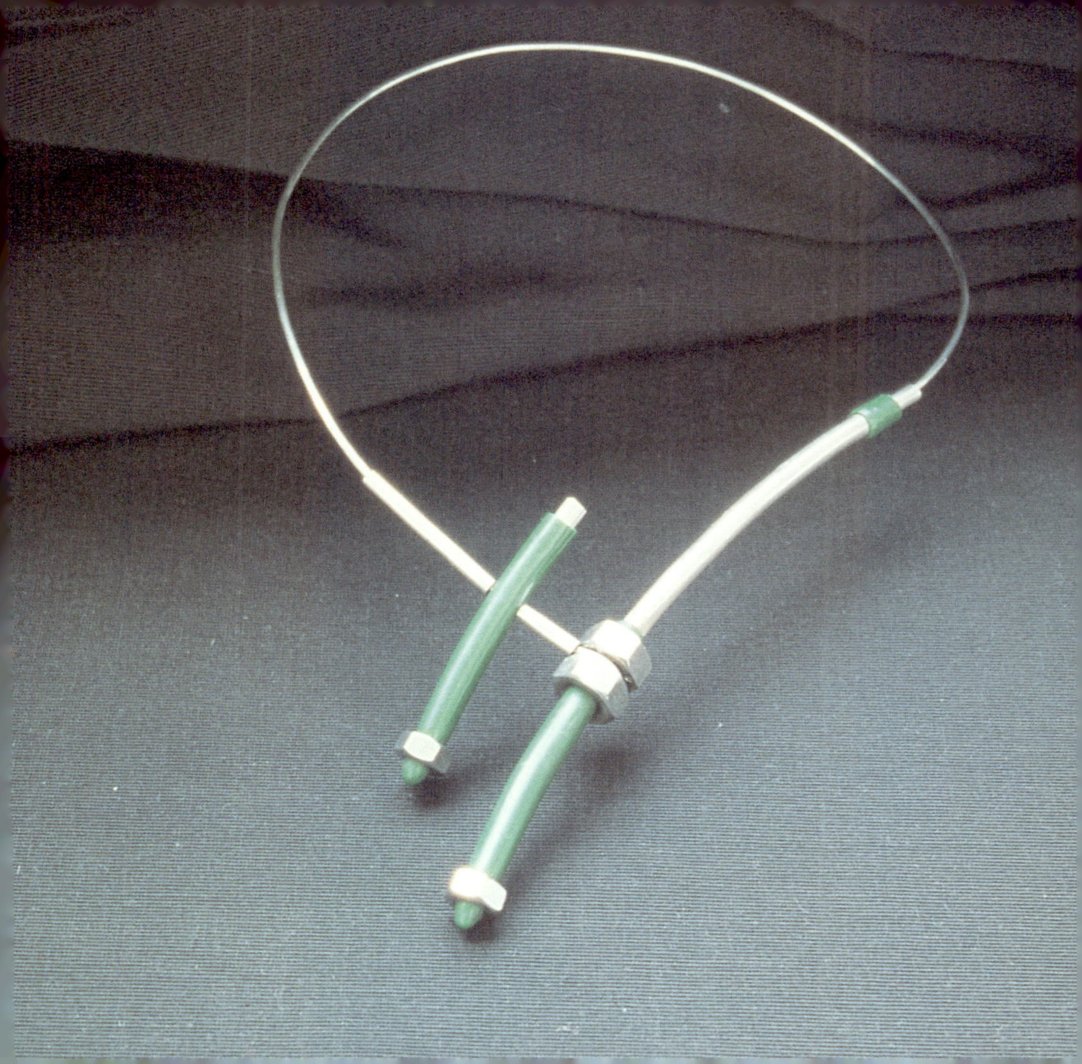

colar
Ana Fernandes

Halskette,
Silber, Gold, Adventurin

necklace,
silver, gold and aventurina

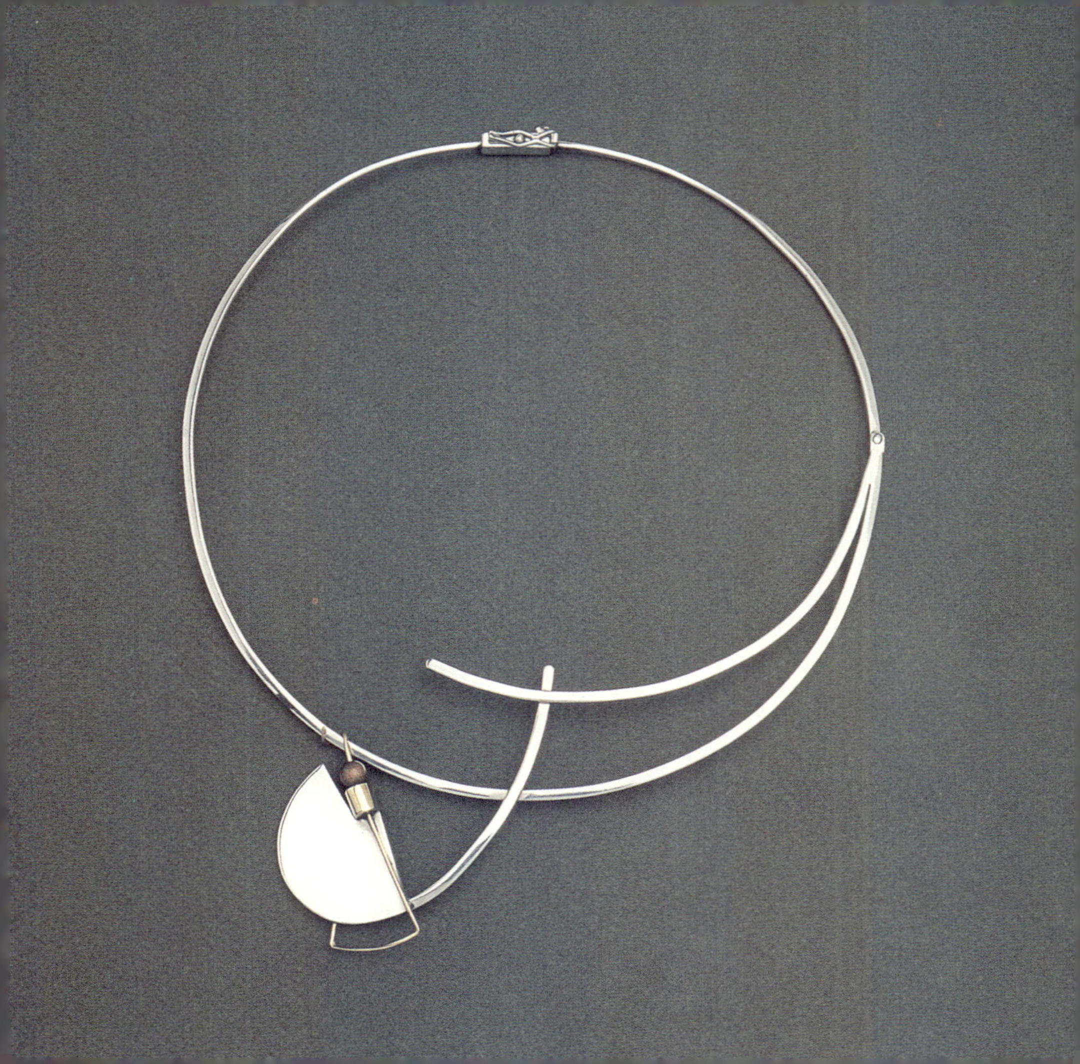

brincos e alfinete
Ana Fernandes

Ohrringe und Brosche
Silber, Hämatit

earrings and brooch,
silver and hematite

alfinete
Ana Fernandes

Brosche
Silber

brooch
silver

colar
Ana Silva e Sousa
Ø 170 mm

Halskette
Silber

necklace,
silver

brincos
Ana Silva e Sousa

Ohrringe,
Gold, Silber

earrings,
gold and silver

anel
Ana Silva e Sousa

Ring,
Silber, Gold

ring,
silver and gold

anel
Ana Silva e Sousa

Ring,
Silber

ring,
silver

anel
Ana Silva e Sousa

Ring,
Silber, Amethyst

ring,
silver, amethyst

broche quadrada
Filomeno Pereira de Sousa, 1997
60 x 60 x 16 mm
Galeria Contacto Directo

quadratischee Brosche,
Gold

square brooch,
gold

broche redondo

Filomeno Pereira de Sousa, 1997

Ø 60 x 16 mm

Galeria Contacto Directo

runde Brosche,
Silber

round brooch,
silver

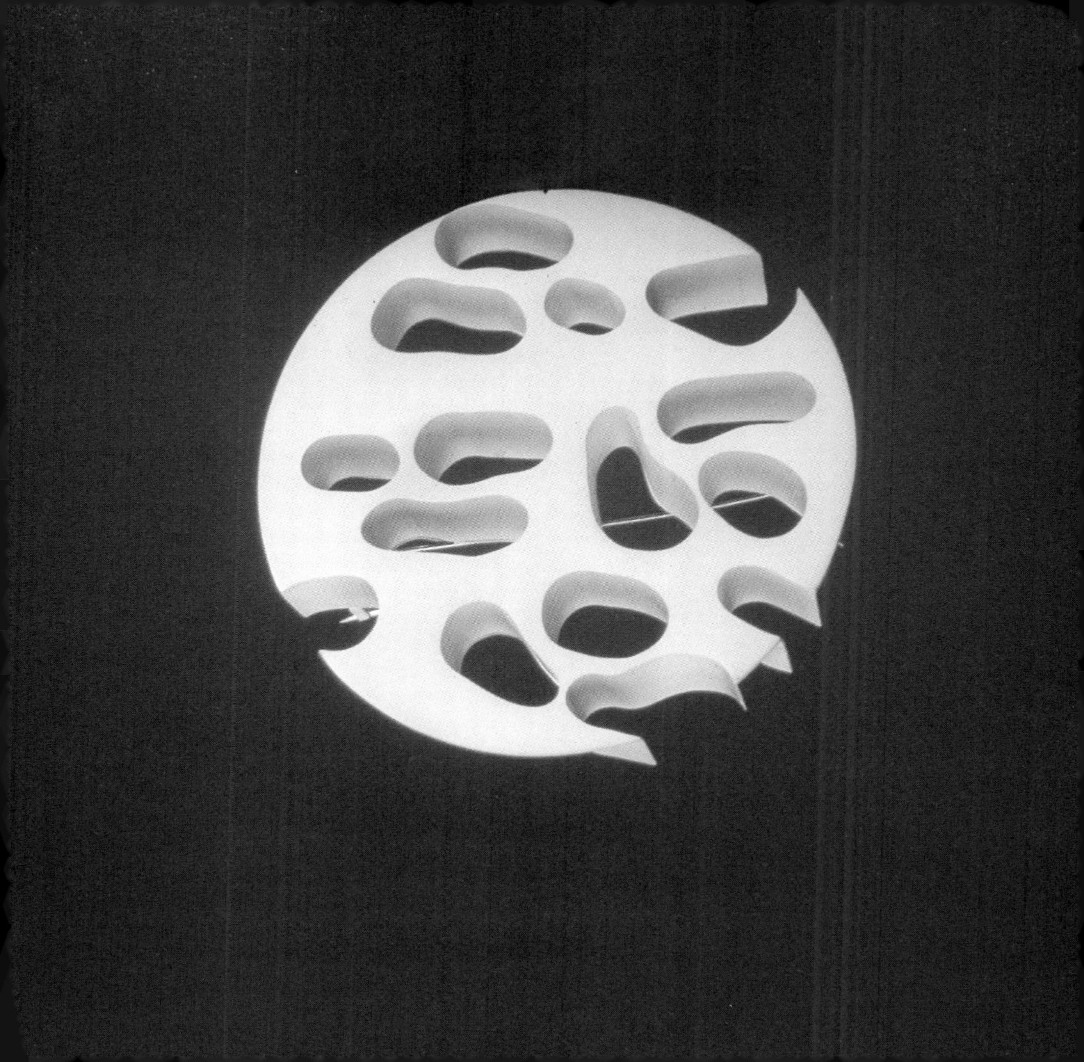

broche triangular
Filomeno Pereira de Sousa, 1997
60 x 60 x 16 mm
Galeria Contacto Directo

dreieckige Brosche,
Alpakka

triangular brooch,
white metal

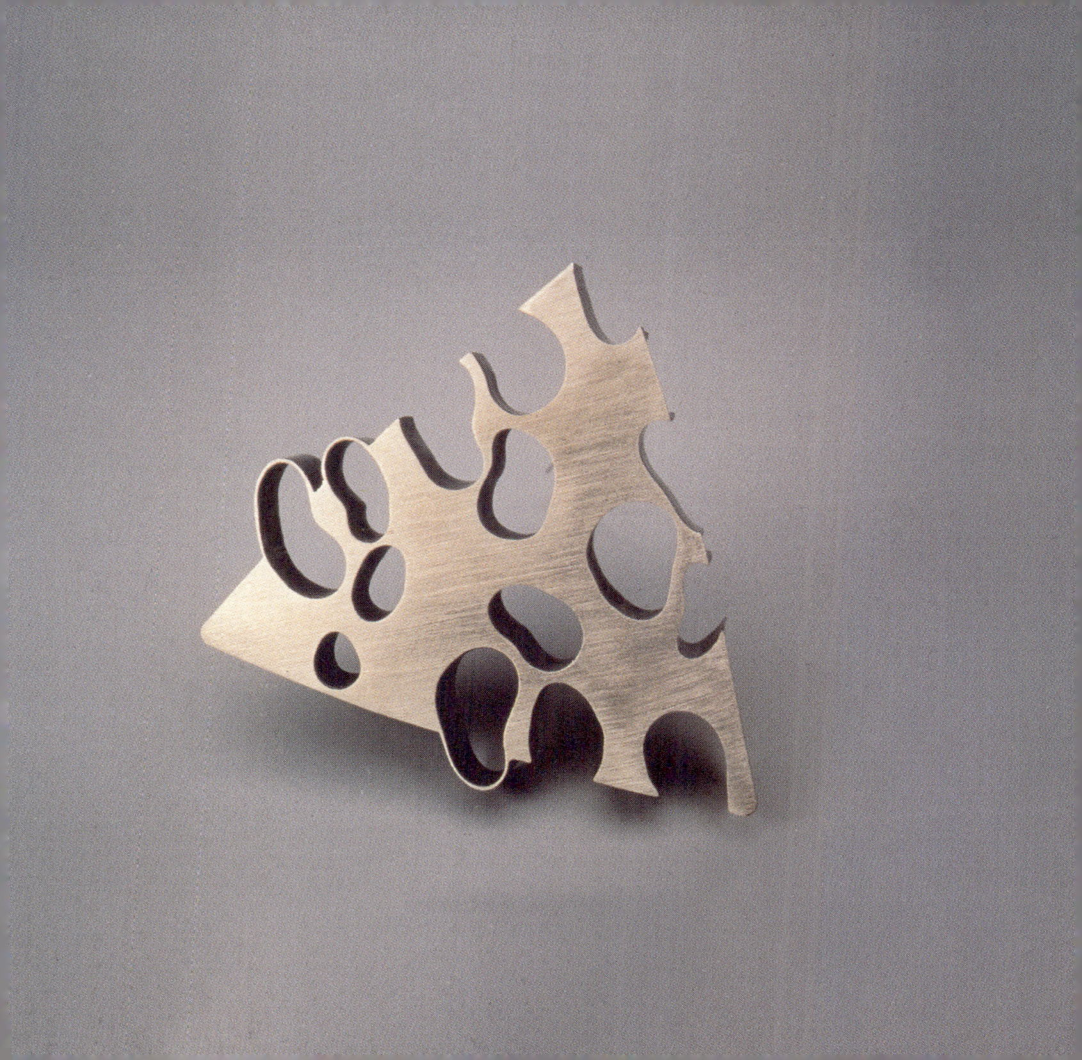

broche triangular com caracol
Filomeno Pereira de Sousa, 1997
60 x 60 x 16 mm
Galeria Contacto Directo

dreieckige Brosche,
Gold, Schnecken

triangular brooch with snails,
gold, snails

broche redondo com caracol
Filomeno Pereira de Sousa, 1997
Ø 60 x 16 mm
Galeria Contacto Directo

runde Brosche,
Alpakka, Schnecken

round brooch with snails,
white metal, snails

broche quadrado com caracol
Filomeno Pereira de Sousa, 1997
60 x 60 x 16 mm
Galeria Contacto Directo

quadratische Brosche,
Silber, Schnecken

square brooch with snails,
silver, snails

alfinete
Alexandra Serpa Pimentel
Ø58 mm
Artefacto

Brosche
Silber, Mokume

brooch
silver and mokumé

alfinete
Alexandra Serpa Pimentel
Ø 58 mm
Artefacto

Brosche
Silber, Mokume

brooch
silver and mokumé

alfinete
Alexandra Serpa Pimentel
Ø 58 mm
Artefacto

Brosche
Silber, Mokume

brooch
silver and mokumé

alfinete
Alexandra Serpa Pimentel
Ø58 mm
Artefacto

Brosche
Silber, Mokume

brooch
silver and mokumé

alfinete
Alexandra Serpa Pimentel
Ø58 mm
Artefacto

Brosche
Silber, Mokume

brooch
silver and mokumé

luar
Eduardo Souto Moura
50 x Ø 200 mm
Osvaldo Matos

Deckenlampe
Opalglas, poliertes Messing

celling light
opal glass, polished brass

A-01/95
Marco Sousa Santos
300x300x6mm
Proto Design

Lampe
Glas, Aluminium

lamp,
glass and aluminium

candeeiro 2

Lourenço Rocchi

Sátira

Lampe
weisses Glas

lamp
white glass

dica
Victor Peixoto
Sátira

Tishlampe

table lamp

candeeiro 10
Lourenço Rocchi
Sátira

Lampe
Aluminium

lamp,
aluminium

zero
Jorge Alves
APCD

Lampe
Messingrohr, Draht

spotlight
brass tube and wire

piu piu
Eduardo Souto Moura
175 x 130 x 95 mm
DDI

Tischlampe
Stahl, Halogenlampe

table lamp
steel, halogen lamp

livro
Miguel Vieira Baptista
210 x 210 x 90 mm
Bastidor

Lampe,
grüner Acryl

lamp,
green acrylic

Serie Ultra-luz
José Viana &
Marco Sousa Santos, 1996
Proto Design

Leutchen aus
Polypropylen

lighting
polypropylene

001
Marco Sousa Santos
870 x 150 x 180 mm

001
Miguel Vieira Baptista
240 x 240 x 70 mm

010
Raul Cunca
310 x 340 x 135 mm

014
Pedro Silva Dias
290 x 140 x 140 mm

3
rco Sousa Santos
0 x 160 x 150 mm

015
Filipe Alarcão
ø 400 x 140 mm

022
Alexandre Cardoso
210 x 200 x 150 mm

009
Miguel Vieira Baptista
150 x 300 x 150 mm

6
cardo Custódio
300 x 240 mm

020
José Viana
270 x 230 x 160 mm

cartola 2, 3
Adalberto Dias
210 x 210 x 480 mm
160 x 160 x 480 mm
Carvalho Batista

Tischlampe
rostfreier Stahl, Messing

Table lamp
stainless steel and brass

candeeiro
Adalberto Dias, 1997
100 x 100 x 1200 mm
Carvalho Batista

Stehlampe
rostfreier Stahl, Messing

Lamp
brass and stainless steel

Suporte cinzeiro
Adalberto Dias
100 x 100 x 750 mm
Carvalho Batista

Standascher
rostfreier Stahl, Messing

ashtray
brass and stainless steel

cinzeiro de parede
Adalberto Dias, 1997
75 x 110 mm
Carvalho Batista

Wandascher
rostfreier Stahl, Messing

wallashtray
brass and stainless steel

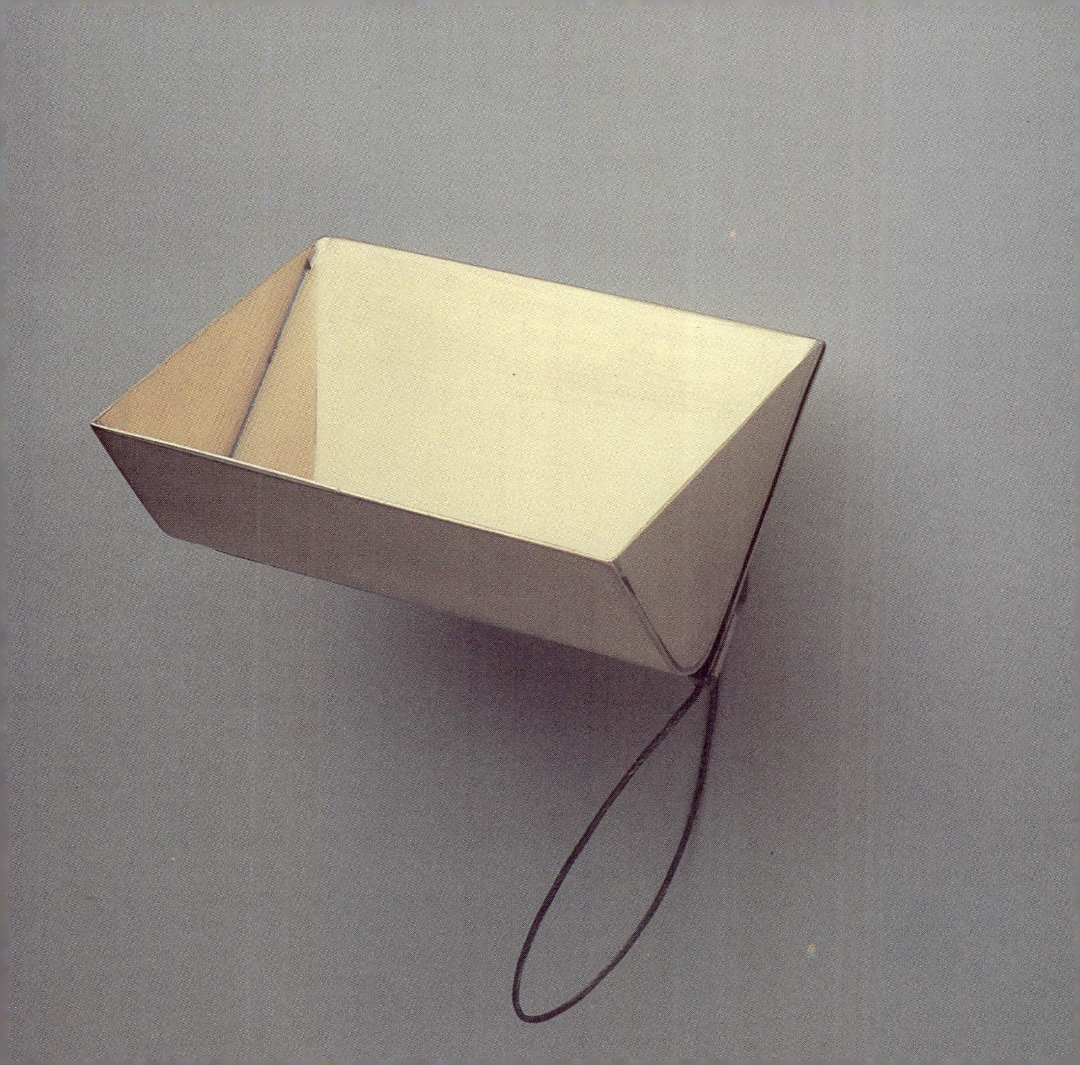

el rolo
Miguel Vieira Baptista
150 x 700 x 150 mm
Proto Design

Standascher
Aluminium, Buchenholz

pedestal ashtray,
aluminium steel and beech

cinzeiro
José Manuel Carvalho Araújo
750 x ∆ 110 mm
Iduna

Ascher,
Aluminium

ashtray
cast aluminium

cinzeiro com caixa
Paulo Vale
16 x Ø 130 mm & 170 x 170 x 30 mm
Pal Decoração

Ascher mit Box,
rostfreier Stahl, Kork

ashtray with box
stainless steel and cork

peças de secretária
Filipe Alarcão
50 x 210 x 200 mm
Mínima

Schreibtischset,
lackierte Metallplatte

desk set
lacquered sheet metal

peças de secretária
Filipe Alarcão
50 x 480 x 210 mm
Mínima

Schreibtischset,
lackierte Metallplatte

desk set
lacquered sheet metal

bloco notas
Paulo Vale
230 x 185 x 16 mm
Pal Decoração

Notizblock,
Aluminium, rostfreier Stahl

note pad
anodised aluminium and stainle
steel

jogos

Paulo Vale, 1997

75 x 75 x 75 mm &100 x 100 x 100 mm

Pal Decoração

Spielzeug,
rostfreier Stahl

toys
stainless steel,

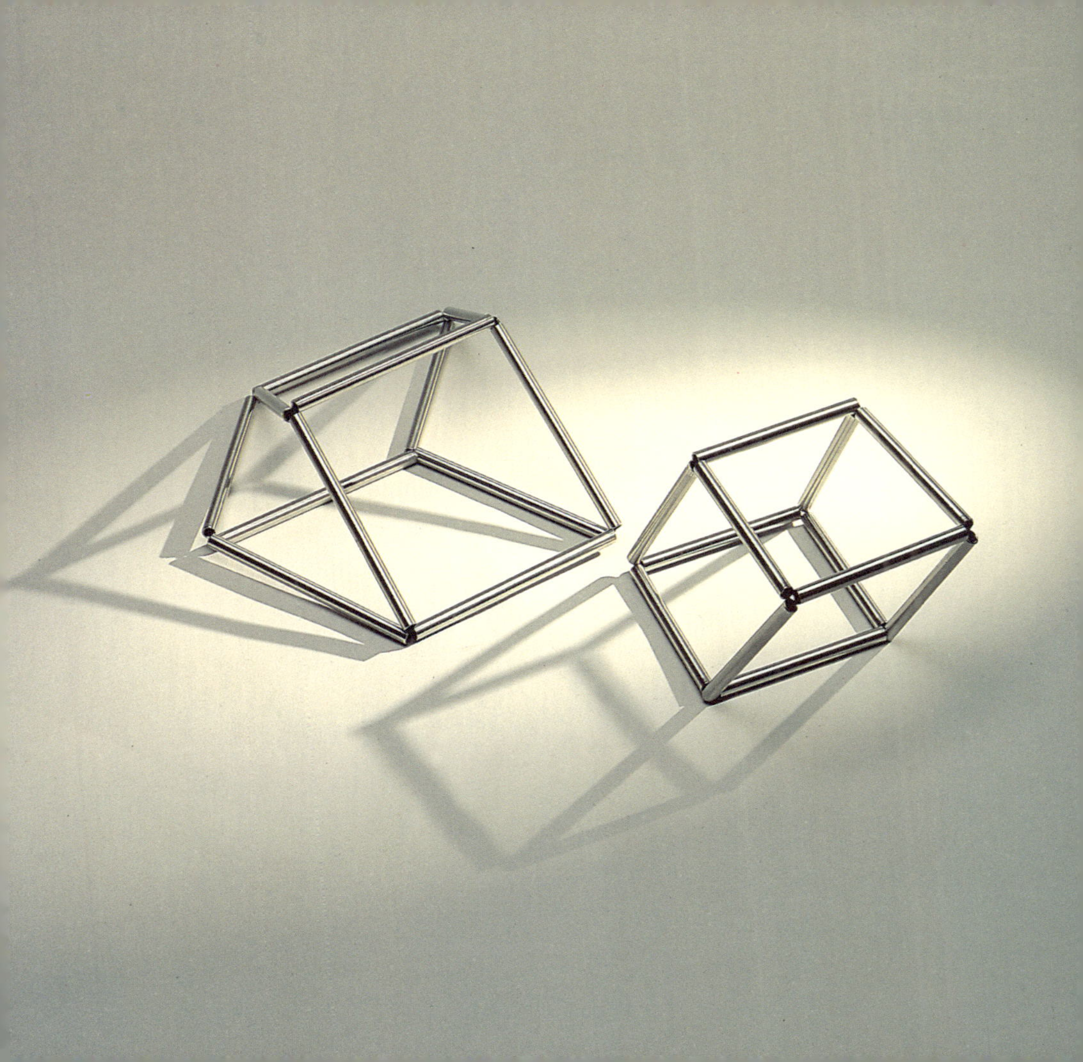

Álvaro
Álvaro Siza
505 x 250 x 250 mm
1:1 Design

Spiegel

looking-glass
mirrored glass and
chromed steel wire

espelho Eu
Ana Paula Allen
210 x 210 x 300 mm
Sátira

Ankleidespiegel,
Glas, rostfreier Stahl

looking-glass
epoxy-painted mild steel, stainle
steel and double mirror

Fruteira 1,2
Álvaro Siza, 1997
250 x 500, 400 x 400 mm
MSI

Fruchtschale
Glas

fruit bowls
glass

Jarras 2,3,4
Álvaro Siza, 1996
Ø 170 x 170, Ø 200 x 200, Ø 230 x 230 mm
MSI

Vasen
geblasenes Glas

vases
blown glass

Havana
Álvaro Siza
Ø 120 x 60 mm
MSI

Aschenbecher
weisses, hellblaues und
dunkelblaues Glas

ashtray
glass

linha de copos, jarro e garrafas
Eliane Marques
Crisal

Gläser,
Kristall

range of glass
lead crystal

fruteira
Paulo Vale
20 mm, Ø 320 mm
Pal Decoração

Fruchtschale,
Aluminium,
mattesGlas

fruit bowl
anodised aluminium
and frosted glass

jarras

Paulo Vale, 1997

250, 200, 150 x ∆ 45 mm

Pal Decoração

Vase,
rostfreier Stahl

vases
stainless steel,

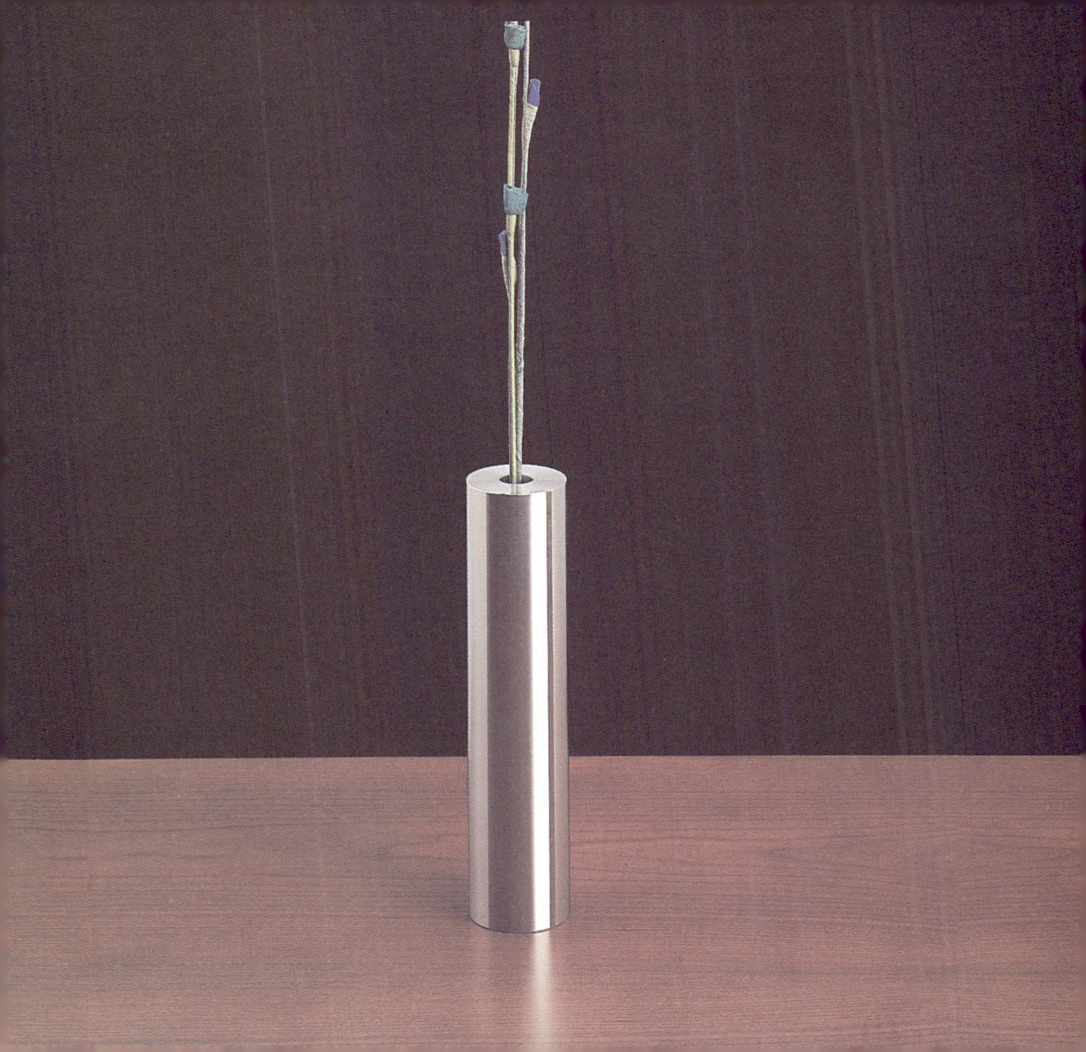

Glamour
Plácido Afonso, 1996
Icel

Tranchierbesteck
Korallenholz , rostfreier Stahl

carvers
stainless steel and
coral pressed wood

Shark
Plácido Afonso, 1996
Icel

Küchenmesser
Korallenholz , rostfreier Stahl

kitchen knives
stainless steel and
pressed coral wood

tesoura
Jorge Pacheco
140 x 125 mm
APCD

Schere,
rostfreier Stahl und Plastik

scissors
stainless steel & plastic

serviço de café/chá
Paulo Parra
Ex Máquina

Tee- und Kaffeeservice
versilbert,

tea/coffee service,
silver plate

idealplus

Ricardo Vieira Melo, 1996

Neli Utilidades Domésticas

Dampfkochtopf

rostfreier Stahl, Kunststoff

pressure cooker

stainless steel and bakelite

linha de forno
Filipe Alarcão
100 x Ø 225 mm, 125 x Ø 225 mm,
70 x 350 x 250 mm
Molde Faianças

Rechaud
Keramik

oven line
ceramic

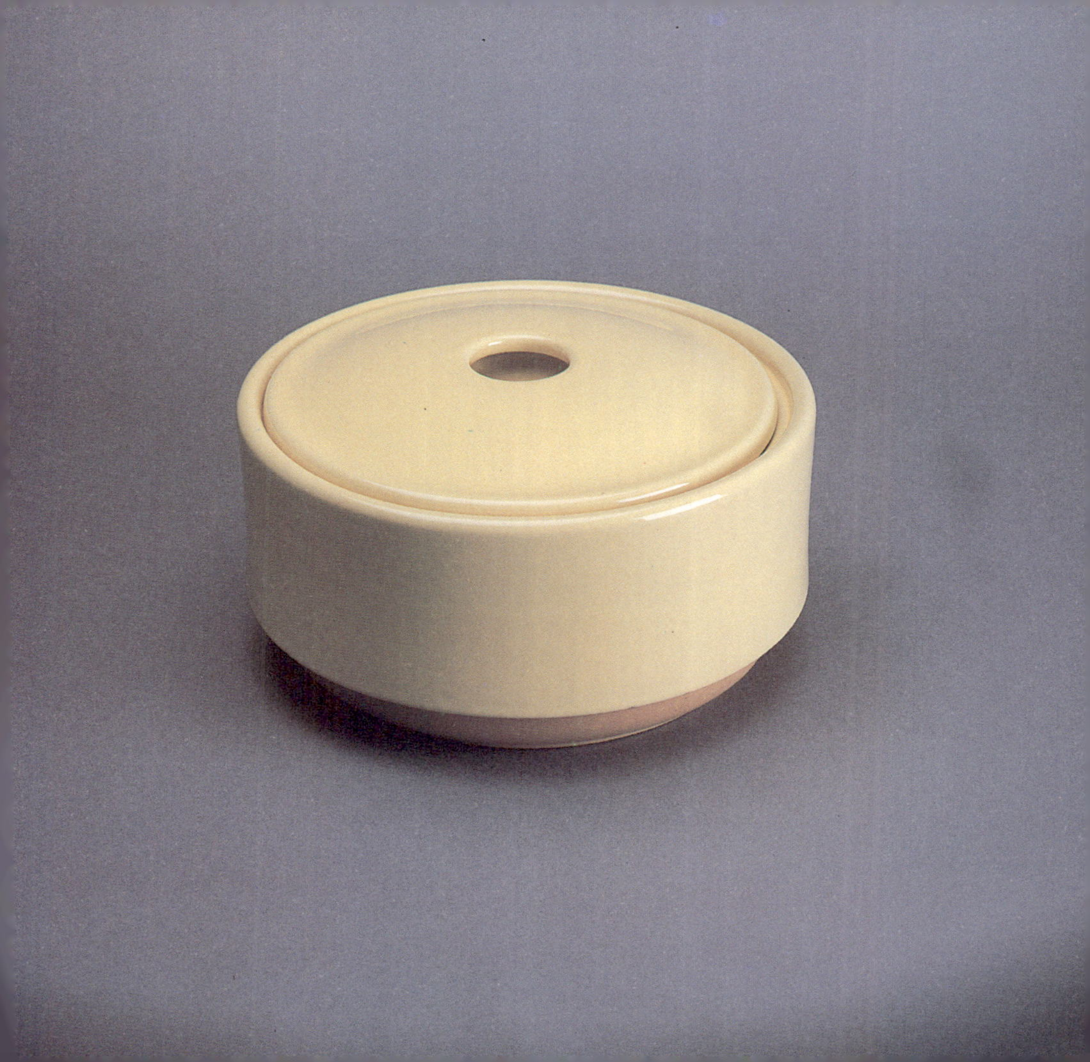

Marco Sousa Santos
120 x 150 x 200 mm
Proto Design

Lampe,
Terrakotta

lamp,
terracotta

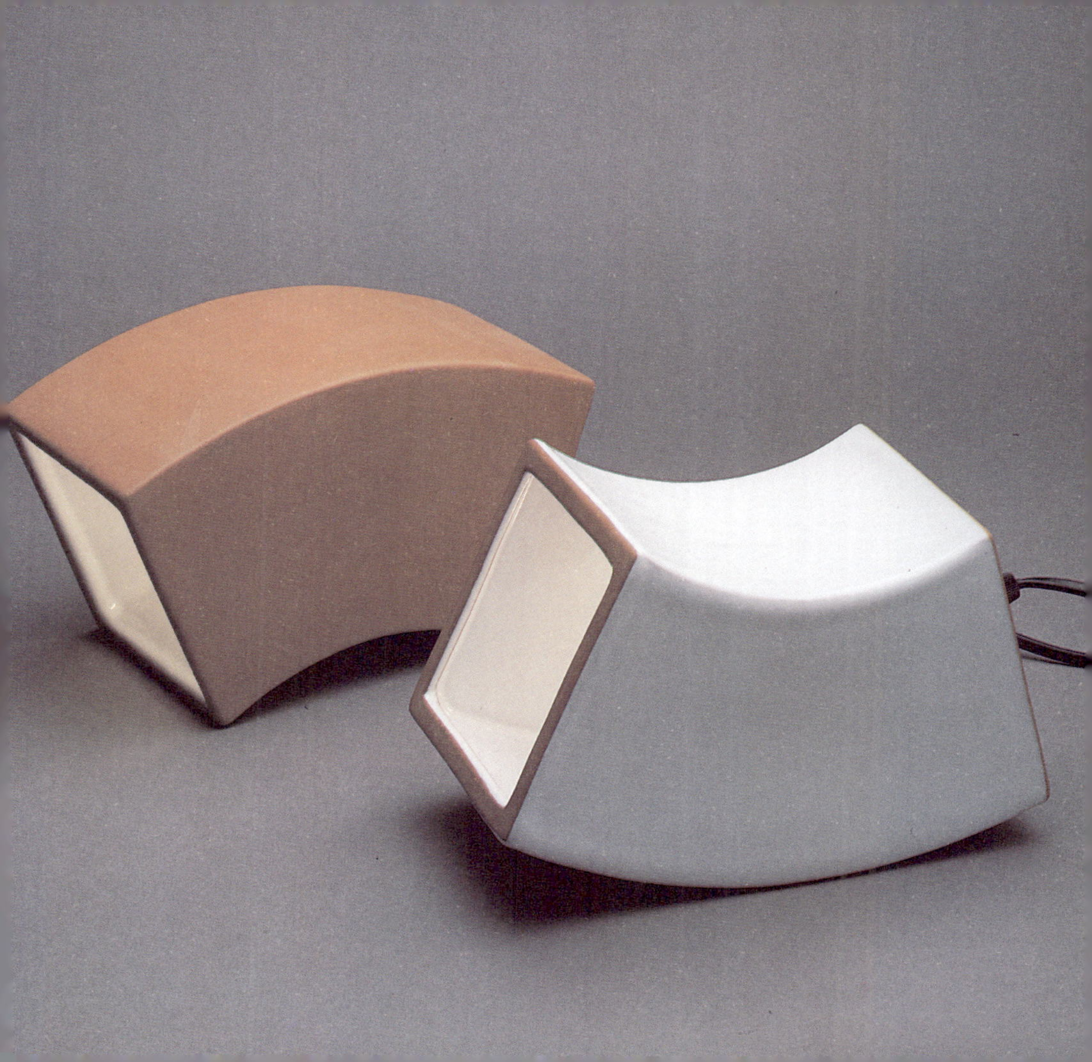

pluto
Miguel Vieira Baptista
200 x ∆ 200 mm

Teekanne
Ton

teapot,
earthenware

Justine e João
Salette Brandão, 1997
Cerâmicas S. Bernardo

Vasen und Töpfe
matt glasierte Keramik

vase and pot
matte glazed earthenware

bengala
Paulo Vale, 1997
1100, 1150, 1200 x Ø 10 mm
Pal Decoração

Blindenstock,
rostfreier Stahl, Nylon

walking stick for the blind
stainless steel, elastic & nylon

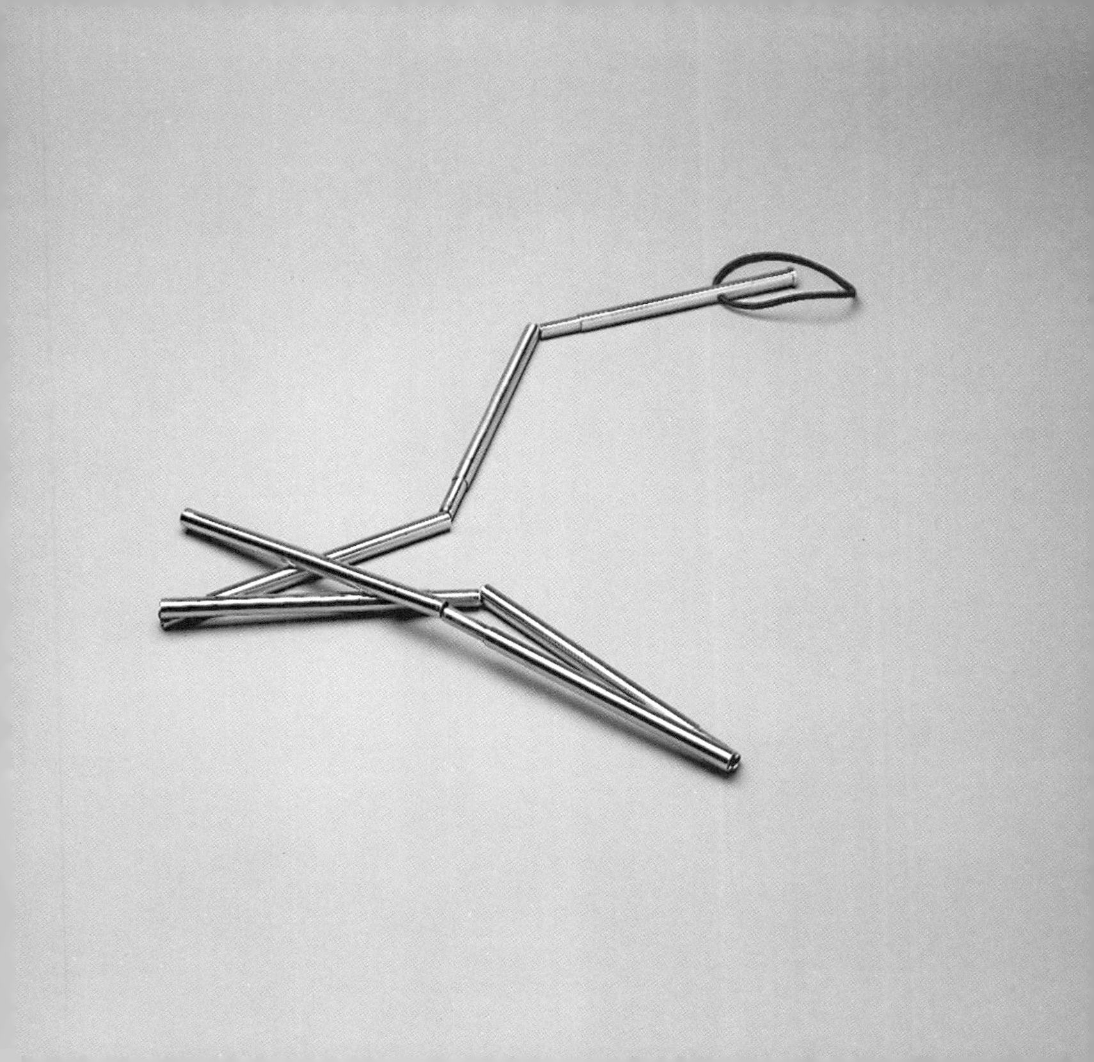

puxador
Paulo Vale, 1997
70 x 50 mm
Pal Decoração

Türgriff,
rostfreier Stahl
oder verchromtes Messing

door handle
stainless steel or chromed brass

Beta
Carlos Aguiar, 1996
Cifial

Türgriff
matt verchromtes Messing

door handle
matt chromed brass

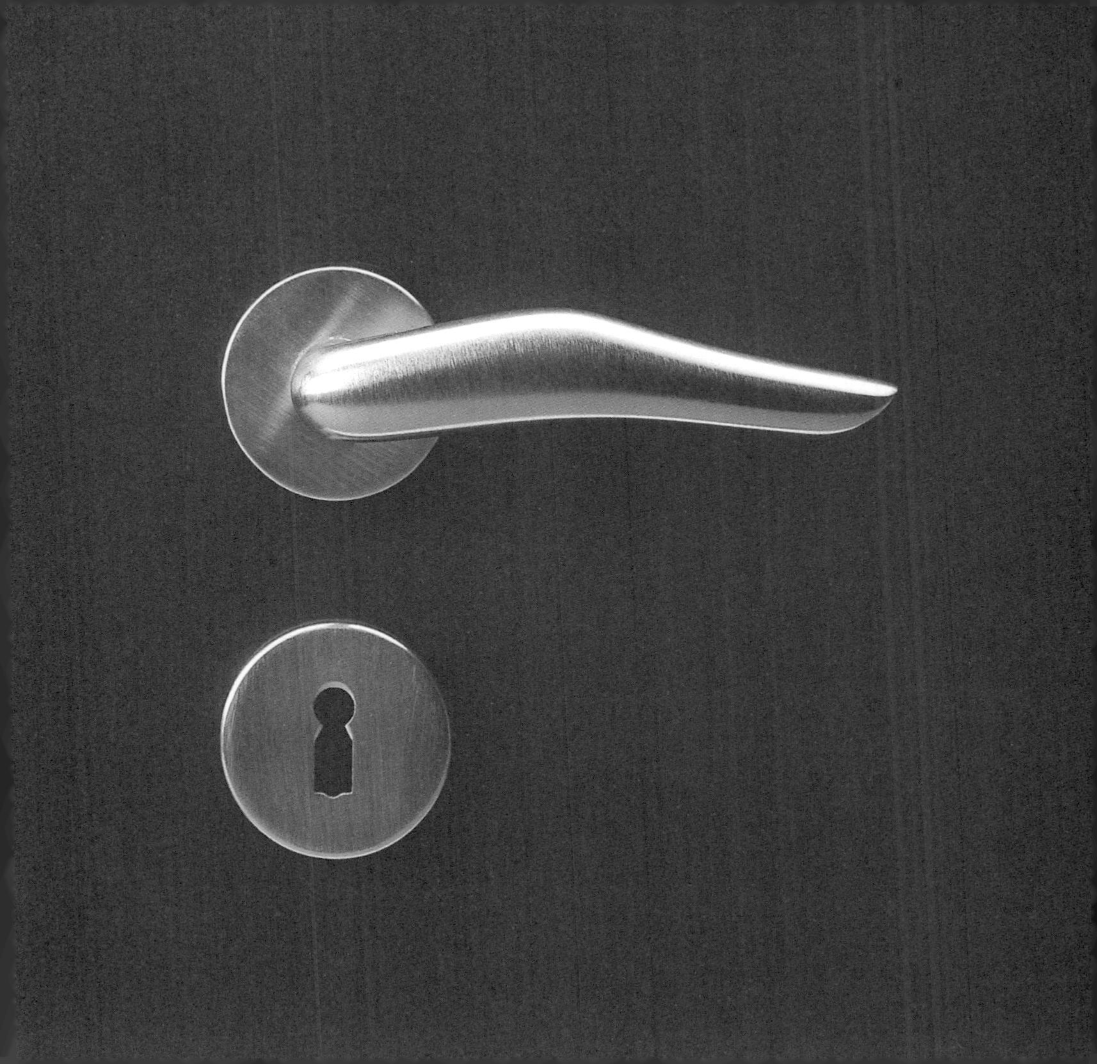

Panda
Carlos Aguiar, 1997
Cifial

Badezimmerarmatur
verchromtes Messing

range of taps
chromed brass

Taipas
Álvaro Siza, 1990
610 x 5 x 820 mm
DDI

Badezimmeraccessoirs und
Spiegel
rostfreier Stahl

bathroom accessories & mirror
stainless steel

AD/CBC

Adalberto Dias, 1987

Caarvalho Batista

Badezimmeraccessoires
verchromtes Messing, rostfrei Stahl

bathroom accessories
chromed brass/stainless steel

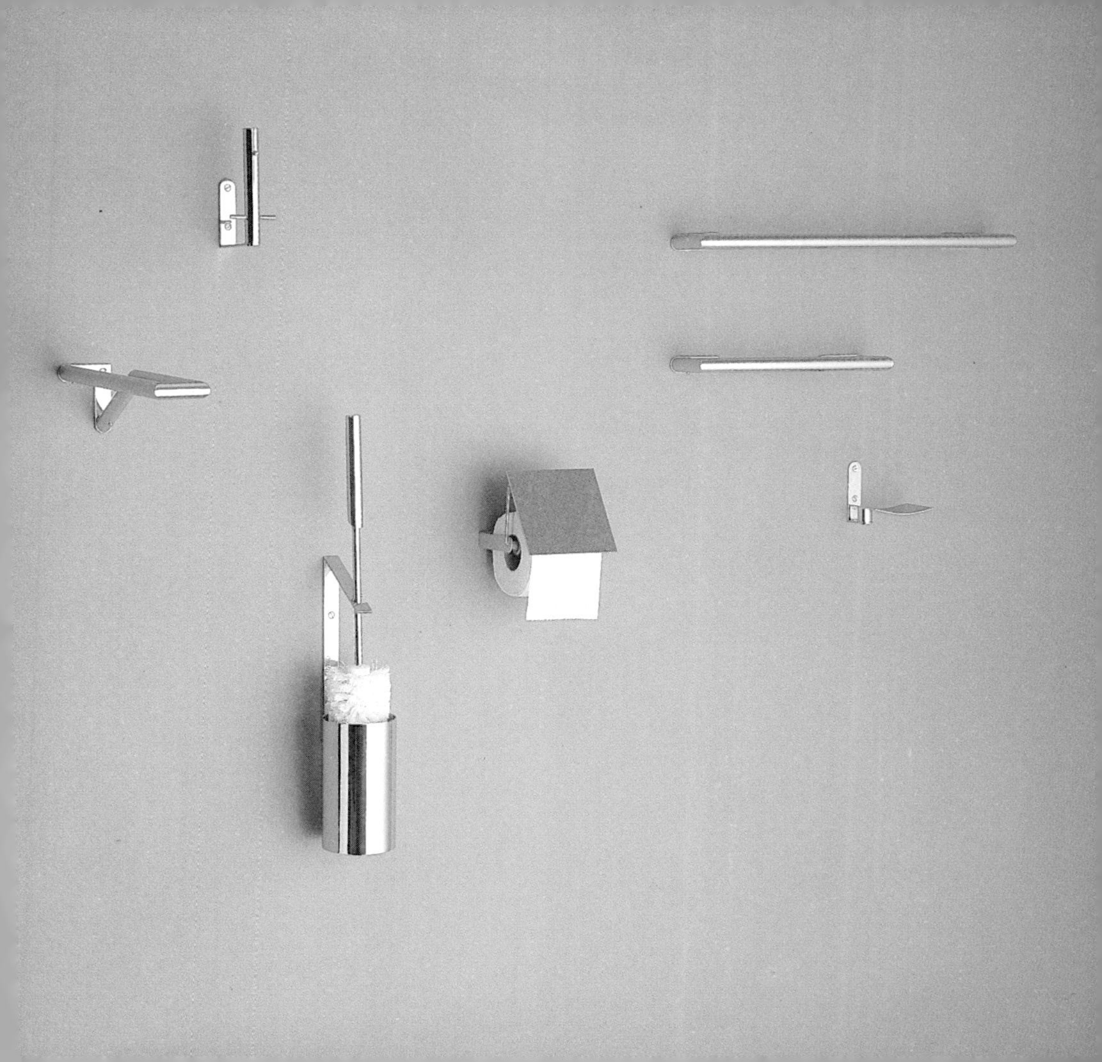

SV/CBC

Álvaro Siza, 1990 & 1994

Carvalho Batista

Armaturen
rostfreier Stahl und matter
rostfreier Stahl

fittings
stainless steel & matte stainless
steel

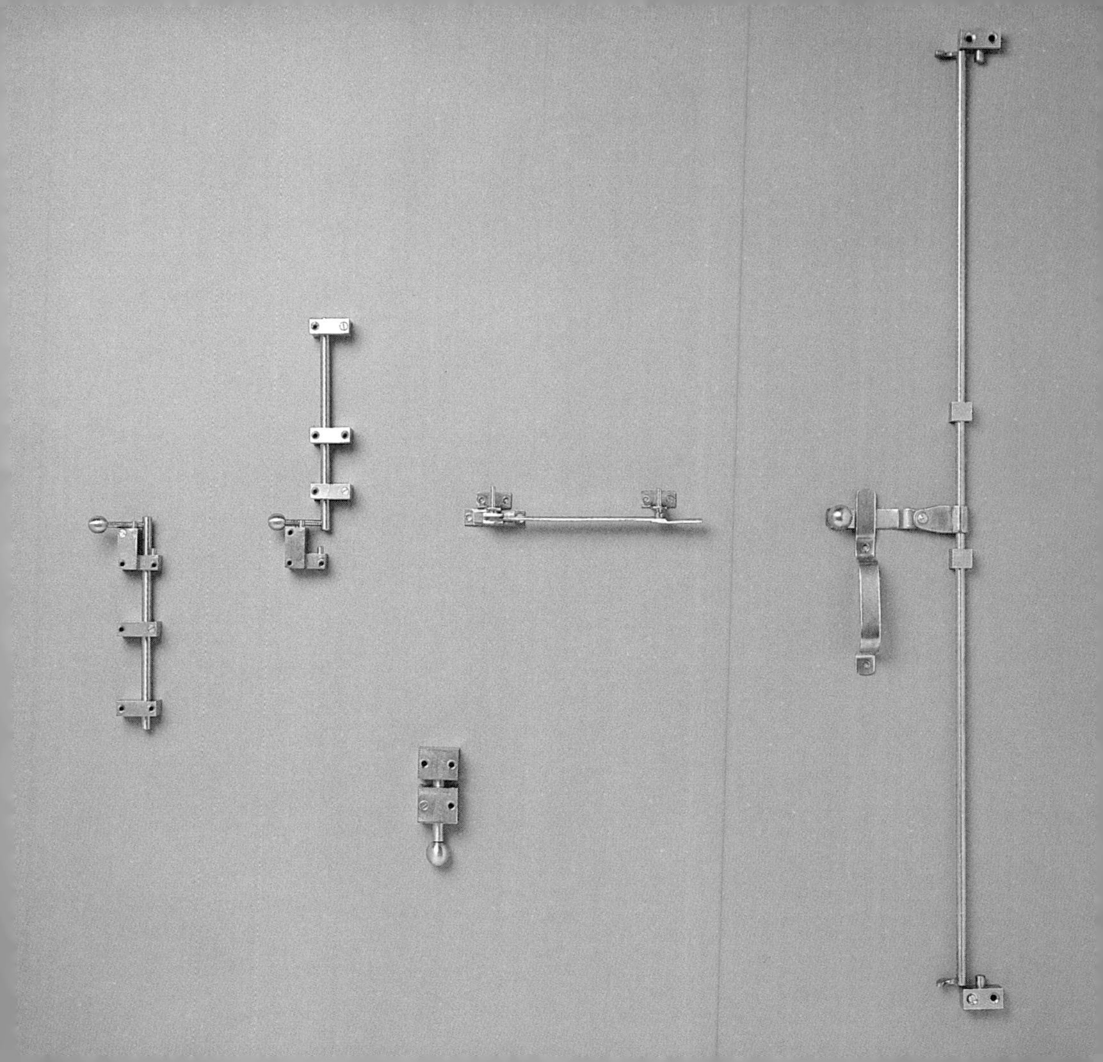

suporte para bicicleta EXPO 98
João Carrilho da Graça, 1997
300 x 1400 x 500 mm
Secil Prébetão

Fahrradständer für die EXPO'98,
Beton mit Spraymalerei

bicycle rack
white concrete spray-painted
with chlorate rubber

mesa EXPO 98
João Carrilho da Graça, 1997
1300 x 1300 x 500 mm
Secil Prébetão

Tisch für die EXPO'98,
Beton mit Spraymalerei

table
white concrete spray-painted
with chlorate rubber

CD2

bebedouro EXPO 98
João Carrilho da Graça, 1997
1300 x Ø 500 mm
Secil Prébetão

Trinkfontaine für die EXPO'98,
Beton mit Spraymalerei

drinking fountain
white concrete spray-painted
with chlorate rubber

dissuasor EXPO 98
João Carrilho da Graça, 1997
600 x Ø 200 mm
Secil Prébetão

Poller für die EXPO'98,
Beton mit Spraymalerei

bollard
white concrete spray-painted with
chlorate rubber

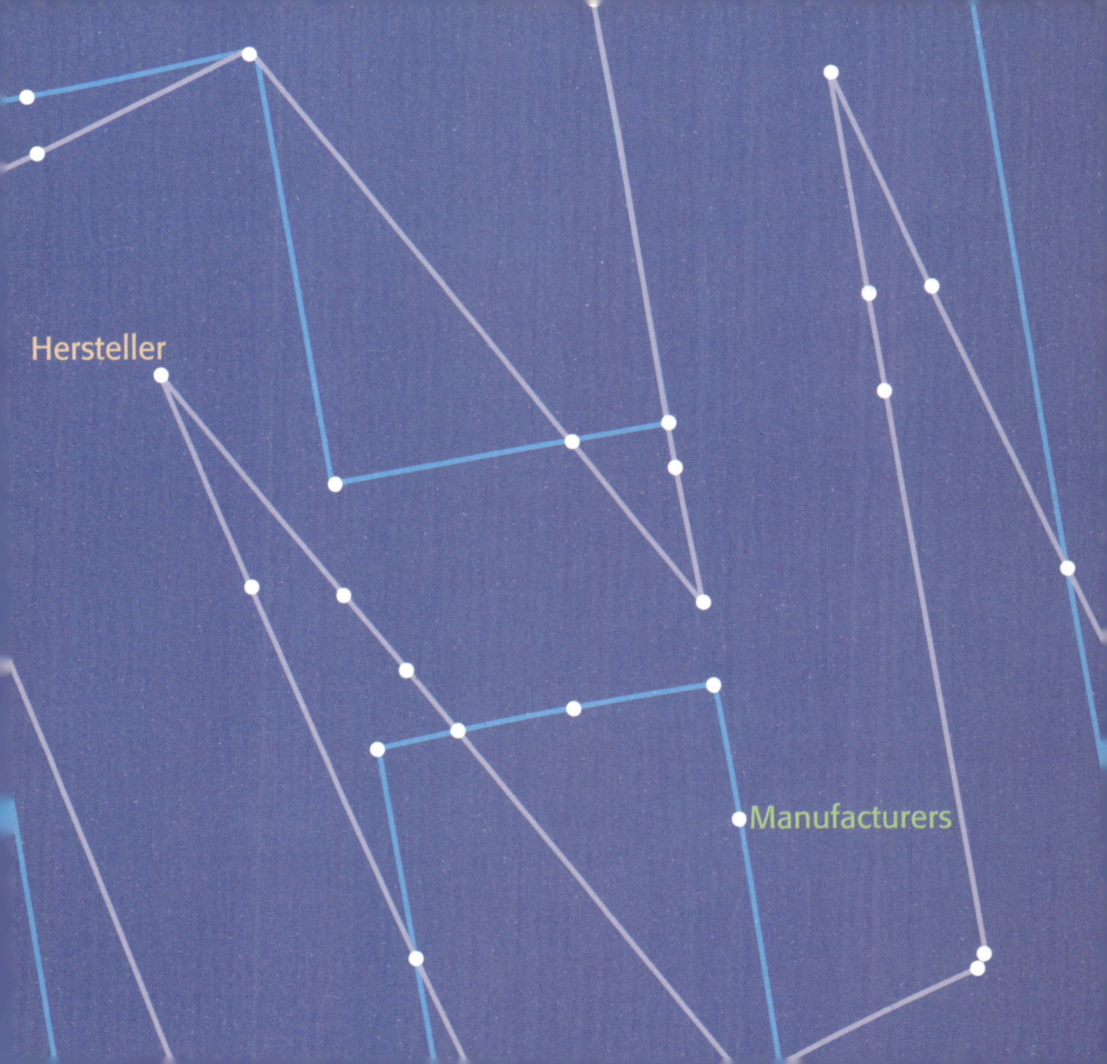
Hersteller
Manufacturers

APCD
> Jorge Alves & Jorge Pacheco
Rua de S. Paulo 100, 4º Dº
1200 LISBOA
tel: +351 (0)1 342 72 37
fax +351 (0)1 342 72 41

Artefacto
> Alexandra Serpa Pimentel,
Paula Crespo & Tereza Seabra
Travessa da Água de Flor 37/39
1200 LISBOA
tel: +351 (0)1 342 35 62
fax +351 (0)1 301 64 59

Batista, Carvalho
> José Carvalho
Rua do Almada 79 ap 4784
4003 PORTO
tel: +351 (0)2 32 41 16
fax +351 (0)2 31 96 11

Cerâmicas S. Bernardo
> Manuel da Bernarda
Cabeço de Deus Apartado 68
2461 ALCOBAÇA
tel: +351 (0)62 59 76 23
fax +351 (0)62 59 76 33

Cifial
> Vitor Verdial
Apartado 410
4524 RIMIÃO
tel: +351 (0)56 78 01 00
fax +351 (0)56 78 33 95

Crisal
> Luís Barros
Casal da Areia-Cós
2460 ALCOBAÇA
tel: +351 (0)62 54 41 33/83
fax +351 (0)62 54 44 22

Cutipol
> David Ribeiro
Caldas das Taipas
4800 GUIMARÃES
tel: +351 (0) 53 4400240/1
fax +351 (0) 53 4400242

DDI
> Rui Faro
Rua do Aleixo, 53, R/C fr. esq.
4150 PORTO
tel: +351 (0)2 610 63 22
fax +351 (0)2 610 83 76

Faber Polis
> Raúl Cunca
Rua de S. Paulo 100 4º Dº
1200 LISBOA
tel: +351 (0)1 343 24 48
fax +351 (0)1 342 72 41

Fernandes, Ana
Rua Aires de Ornelas 15, R/C
4000 PORTO
tel +351 (0)2 57 36 06
fax: +351 (0)2 56 65 49

Galeria Contacto Directo
> Filomeno Pereira de Sousa
Rua Marcos de Portugal 65
1200 LISBOA
tel: +351 (0)1 397 75 95
fax +351 (0)1 397 75 95

ICEL
> João Jorge
Av. da Igreja, Apartado 7
2475 BENEDITA
tel: +351 (0)62 92 91 66/92 91 54
fax +351 (0)62 92 97 55

Julcar
> Florido
Brejo~Borralha
3750 ÁGUEDA
tel: +351 (0)34 62 20 47
fax +351 (0)34 62 52 63

Loja da Atalaia
> Manuel Reis
Rua da Atalaia, 71
1200 LISBOA
tel: +351 (0)1 346 20 93
fax +351 (0)1 342 15 65

Matos, Osvaldo
Rua de Santa Bárbara, 27~45
Coimbrões
4400 VILA NOVA DE GAIA
tel: +351 (0)2 371 04 10
fax +351 (0)2 370 20 44

Mínima
> Pedro Silva Dias
Travessa das Necessidades 9, 2º
1300 LISBOA
tel: +351 (0)1 395 14 37

Mobapec
> Guilherme Melo
Lugar da Cavadinha apart. 4
3720 CARREGOSA | OLIVEIRA DE AZEMÉIS
tel: +351 (0)56 41 20 54
fax +351 (0)56 41 24 84

Molde Faianças
> Luís Ribeiro
Zona Industrial, Lote 4
2503 CALDAS DA RAINHA
tel: +351 (0)62 84 27 43
fax +351 (0)62 84 27 68

MSI
> Miranda Santos
Rua Azenha de Cima, 258
4450 MATOSINHOS
tel: +351 (0)2 938 13 20
fax +351 (0)2 938 80 00

Proto Design
> Marco Sousa Santos
Rua da Vinha 43A
1200 LISBOA
tel: +351 (0)1 342 85 08
fax +351 (0)1 342 02 39

Silva e Sousa, Ana
Estrada da Luz 90, 10º B
1800 LISBOA
tel: +351 (0)1 727 60 98
fax +351 (0)1 778 52 71

Neli Utilidades Domésticas
> Mário Reis
Rua do Outeiro Lote 42
GEMUNDE 4470 MAIA
tel: +351 (0)2 942 80 41
fax +351 (0)2 942 80 16

Sátira
> Rui Ramos
Rua Felizardo Lima, 39
4100 PORTO
tel: +351 (0)2 618 72 28
fax +351 (0)2 618 72 30

Pal Decoração
> Américo Castro
Rua Júlio Dinis 242-3º sala 305
4050 PORTO
tel: +351 (0)2 609 87 92
fax +351 (0)2 609 76 74

Secil Prébetão
> Carlos Figueiredo
Pau Queimado
2870 MONTIJO
tel: +351 (0)1 232 69 00
fax +351 (0)1 23 017 43